鳥肉以上，鳥学未満。

雞肉以上，鳥學未滿

最好的鳥類研究室
就在你家的餐桌上

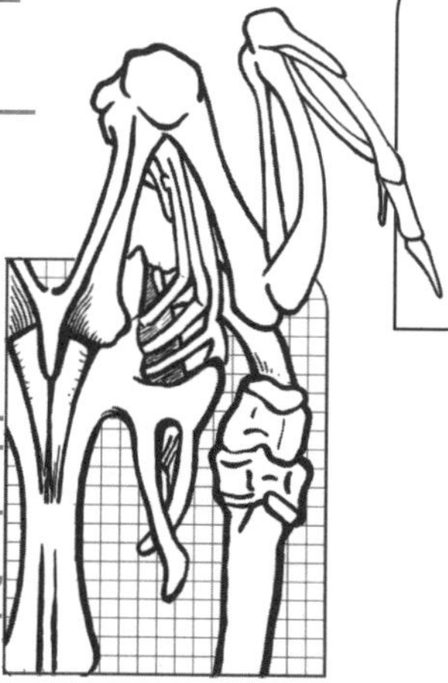

川上和人

張東君——————譯

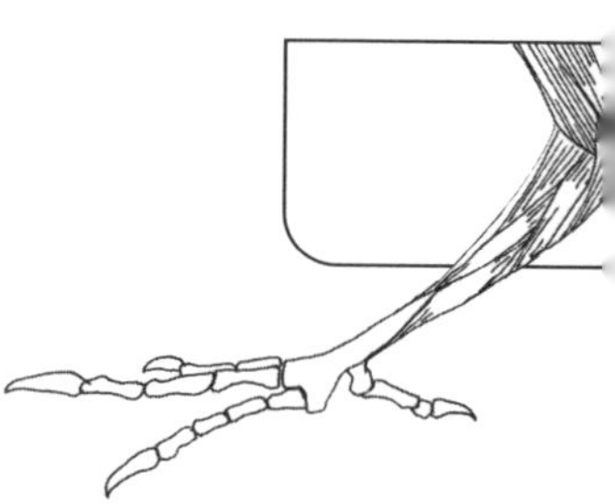

PART 3

一寸小鳥也有五分內臟

PART 4

然後鳥也一個都不留

TODAY'S SPECIAL

——主廚的任性四相圖——

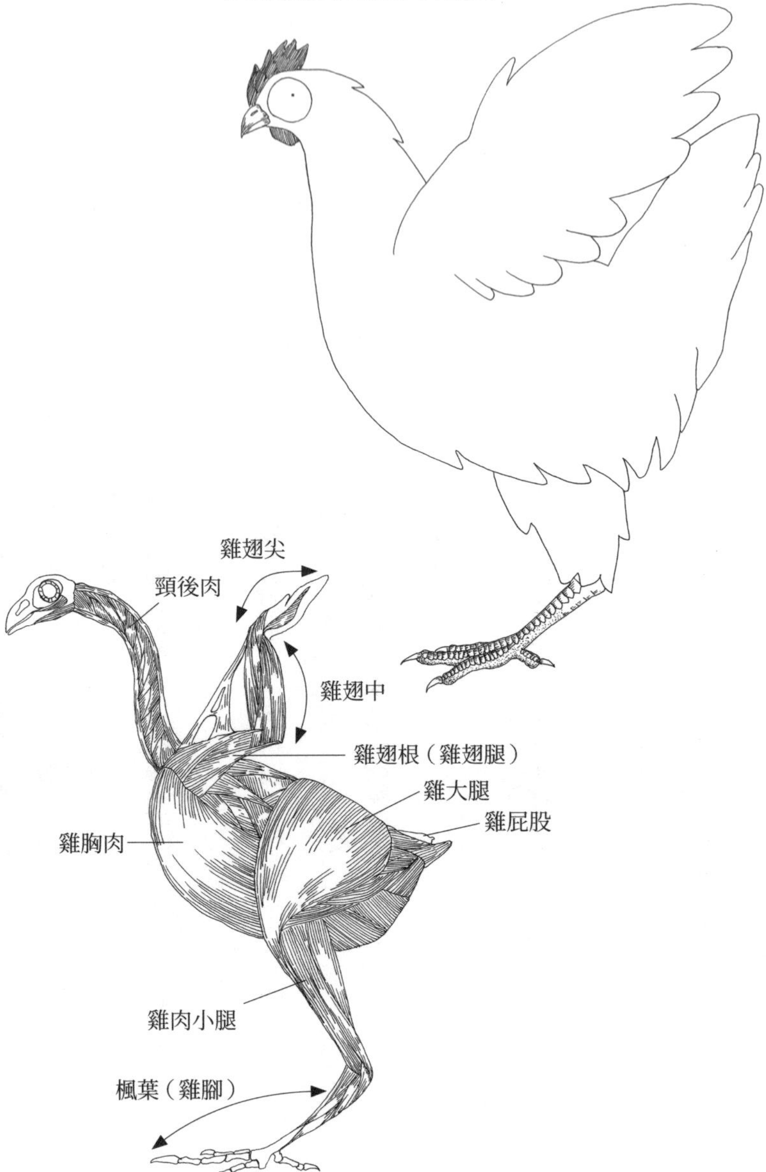

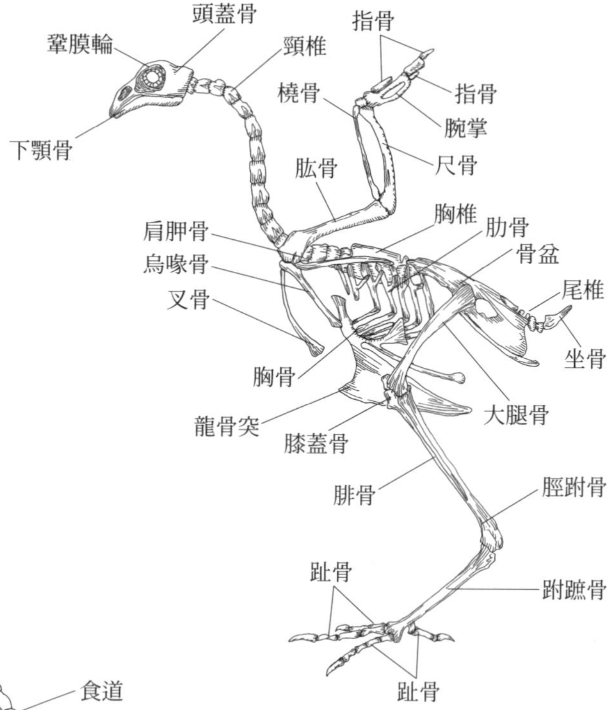

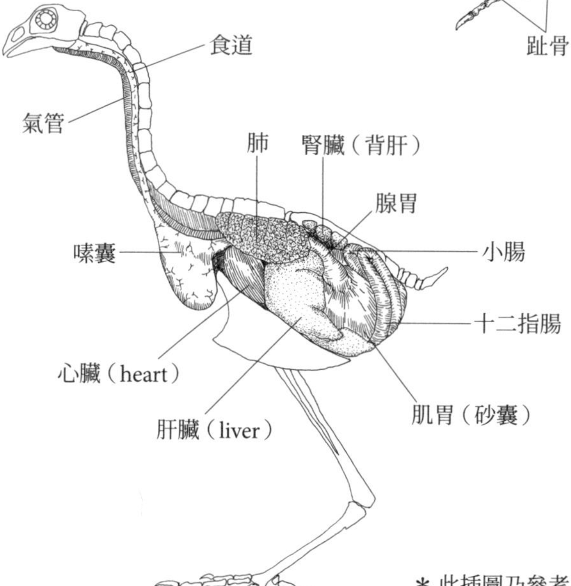

＊此插圖乃參考 Noble et al.（1998），Dyce 等（2002）繪製而成。

p4、p5、p34、p49、p64、p70、p76、p83、p111、p142、p154、p205
——作者繪圖
其餘內文插圖——安齊俊
章名頁插圖 ——竹內舞

序言　是先有雞，還是先有蛋

幸福的黃色喙部

確實，上面是寫著「雞肉漢堡」。可是，那真的是雞肉漢堡嗎？

漢堡是漢堡包的略稱。漢堡包則是把漢堡肉夾在圓麵包裡的三明治，要有漢堡肉，才會是漢堡包。換句話說，既然要叫漢堡的話，就必須要有漢堡肉。從這個事實引導出的合理回答，就是雞肉漢堡應該是用雞肉夾住漢堡肉的，一種肉夾肉的雞肉料理才對。附帶一提，漢堡肉指的是漢堡市風味牛排，把雞肉漢堡直譯成英文的話，就是「畏縮的漢堡市民」[1]，這可是有可能會發展成國際紛爭的，所以得多加注意才是。

1　譯註：英文的 chicken 除了雞之外，還有畏縮、膽小鬼的意思。

另一方面，我手上拿著夾有炸成淺褐色雞肉的麵包，感到非常心滿意足。外層香脆、內部多汁，在某處吹拂著讓我感受到漢堡市的風。誤解會造成誤解，當雞肉漢堡被置於和從它的名稱想像出來的外觀完全不同的狀態時，速食店便陷入了混亂的漩渦之中。德國人應該也是氣到腸子打結吧。

※

人類自古以來就很熟悉鳥類，努力想要理解牠們，進而讓鳥類學發展至今。西元前四世紀的哲人亞里斯多德在他的著作《動物誌》（*Historia Animālium*）中便記載了家燕（*Hirundo rustica*）和啄木鳥等各種各樣的鳥類生態。到西元前五世紀為止，在印度編纂的宗教性文獻《吠陀》（*Veda*）中，亦有著關於亞洲噪鵑（*Eudynamys scolopaceus*）托卵的記述。人類的歷史，就是鳥學的歷史。

從鳥學的黎明時期經過了大約二十八個世紀，葛飾北齋畫了花鳥畫；雜貨店（駄菓子

雞肉三明治。

屋）裡排著許多森永巧克力球（按：森永巧克力球的包裝上畫著一隻大嘴鳥）；幼稚園裡則有天使般的孩子們天真無邪地畫著天真無邪的鳥類圖畫。日常生活中隨處都可以看到鳥類的身影若隱若現，真是一件很美好的事。

但是，再仔細瞧瞧，會發現幾乎每一隻鳥的喙部都被塗上黃色。搞不好就連你自己本人，也曾經有過幫鳥類畫上黃色喙部的經驗呢。

而另一方面，四處看看日本的野生鳥類，喙部主要是黑色或咖啡色。不論是家燕或麻雀（*Passer montanus*），我們生活周遭的鳥類喙部大概都不是黃色。在平常看到的鳥類之中，有著黃色喙部的大概只有灰椋鳥（*Spodiopsar cineraceus*）和一些鷺鷥而已。

即使是在《剪舌麻雀》[2]的繪本之中，也經常把喙部畫成黃色，不過實際上麻雀的喙部是黑色的。

2　譯註：日本流傳已久的童話故事。內容為一對老夫婦中的老爺爺對麻雀很親切，即使家裡很窮，也還是經常餵麻雀吃東西，讓老婆婆很怕沒食物可吃。有一天，當老爺爺外出的時候，麻雀把老婆婆煮了要漿燙衣服用的漿糊吃掉了，老婆婆很生氣，就用剪刀把麻雀的舌頭剪掉……欲知詳情，請用關鍵字上網搜尋。但總之就是老婆婆有了報應。

當然，野生大嘴鳥的喙部也是像達斯・維達（按：Darth Vader，電影《星際大戰》裡的最大反派）一樣全黑才對。鳥類的喙部是黃色，這只不過是先入為主的觀念而已。

食物和藝術，乃是串連人類與自然的最大接點。但是築起長達三千年鳥學歷史的，卻是雞肉漢堡及黃色喙部，這還真是窘呀。

關於鳥類的誤解，必須得要一一消除才行。

因為再怎麼說，我都是鳥類學家啊。

在家雞的中心呼喊鳥類

雞肉漢堡的主角是雞肉，也就是一般的家雞。應該沒有人不知道這種鳥才對吧。從Google中檢索時，「家雞」（*Gallus gallus domesticus*）會出現四百七十九萬筆資料、「小精靈」[3]有一百六十九萬筆、就連「小灰人」[4]也才只有四百六十五萬筆資料，由此即可一窺家雞的知名度。

我們在日常生活中以家雞為食物，攝取其營養，使其成為構成身體的一部分。人類經常對人類對象說我喜歡你喜歡到想要把你吃掉，但是真的愛人愛到把對方吃掉的人，大概只有萊克特博士[5]而已。不過，假如對象是家雞的話，大家則統統都會實踐這件事，所以這只能說是戀人以上的關係了。被如此溺愛著的鳥類，除了雞，別無其他。

正是由於有這樣的親密關係，所以認識鳥類時，家雞就成為很大的武器。我們真的是名副其實、徹頭徹尾地熟知家雞。只要在肉鋪看一下，就能夠看到從內臟到腳為止的各種部位都暴露在眼前提供給市井小民。即使是在午後的廚房，也看得到接近家雞的生前原形成為俎上肉，把砧板擠得滿滿。在櫥窗中放著一隻隻全雞也一點都不稀奇。在聖誕節時若是和戀人一起把雞腿吃得精光（按：日本有家人或情侶要在聖誕夜吃炸雞的慣例），便能夠在甜美時光的餘暇中理解鳥類腳部的構造了。在餐盤和醬汁之間夾雜著的，是鳥類學的教科書。

相對於此，全豬或全牛則通常不會在店面出現跟販賣。就算有看到，用來燒烤的乳豬

3　譯註：《小精靈》是一九八四年的賣座電影，由史蒂芬．史匹柏監製。飼養小精靈（Gremlins）的三個條件是不能見光、不能碰水、不能在半夜十二點以後餵食。碰水的話，會像負子蟾的幼蛙孵化那樣，從背上再蹦出新的小精靈。

4　譯註：小灰人（Grey aliens）在外星人研究學中也叫做羅斯威爾外星人（Roswell Greys），是對外星人或外星生命的通稱。

5　譯註：漢尼拔．萊克特博士是美國小說家湯瑪士．哈理斯在一九八八年出版的驚悚小說《沉默的羔羊》的主角，原著電影於一九九一年上映，由安東尼．霍普金斯飾演萊克特博士，茱蒂．佛斯特飾演其對手的聯邦調查局實習調查員。

也要兩萬日圓、肉牛再怎麼便宜也要數十萬日圓、A5等級的黑毛和牛更可以高達數百萬日圓，這些都不是能夠輕易放進購物籃中的商品。當然，很難放進家裡的烤箱也是不會出手購買的原因之一。因為如此，牛肉和豬肉就變得只能像是零件似的，要依照部位一塊塊地販賣；也因為如此，想要從叉燒麵或牛肉咖哩等去想像哺乳類的形態特徵，就不太容易。至於爬蟲類或兩生類、昆蟲類，則是沒有在肉鋪邂逅的機會，萬一相逢了，也會被當成害蟲處理。鳥類學可藉由家雞作為與生活之間的接點，由此來看的話，比起其他動物是要來得較為有利。

如此一來，前言篇幅變得太長了，本書是以能夠在身邊進行觀察的優點為基礎，透過雞肉來解開對鳥類的誤解、加深對鳥類的理解為目標的。

為了要思考鳥類學，當然沒有不利用家雞的道理。

就是家雞。始自家雞。

這本書的主角，是家雞。家雞是從非洲起到復活節島為止，在世界各地皆被人類所飼養、品嘗的鳥類。就算是把牛視為神聖存在的印度教徒、禁止吃豬肉的回教徒、崇尚健康的好萊塢名人，對家雞也都很寬容。根據農林水產省的統計，在日本國內，每年出貨的家雞約為七億五千萬隻，雞蛋則超過兩百五十萬公噸。每年每個人的平均消費量約為雞六隻、雞蛋三百個左右，可以說是極為一般的食物。

家雞是雞形目雉科紅原雞（*Gallus gallus*）家禽化以後的產物。紅原雞自然分布於印度到中國南部、東南亞。雖然原雞類有滿多種，不過從ＤＮＡ分析的結果來看，則認為是以紅原雞為中心，一邊和複數的近緣種雜交、一邊家禽化的。祖先的面貌被刻畫在現在的家雞體內，那個偏黃的膚色，被認為是源自紅原雞近緣種的灰原雞（*Gallus sonneratii*）的形質。雖然家雞的主要起源應該是紅原雞不會錯，但應該也是在漫長的歷史中反覆和近緣種交配，才成為現在的姿態吧。

家雞的家禽化歷史很古老，特別是在中國北部的遺跡有許多看似家雞骨

紅原雞。還殘留著土雞等的面貌。

頭出土的報告，最古老的骨頭大約是一萬年前。不過，關於這個最古老的骨頭，也有人指出不是家雞的可能性。到目前為止，確定為家雞的最古老的骨頭，一般認為是發現自四千至五千年前的中國中部。藉由像這樣發現古老骨頭的事實，便產生了家雞的家禽化乃是源自於中國的說法。

另一方面，在調查DNA序列的研究中，從其多樣性之高來看，也有了家禽化的起源是在印度周邊的說法。關於家雞起源的研究，至今仍在很熱烈地進行當中，但還沒能夠實際確定下來。不過無論如何，應該可以說，家禽化是發生在亞洲，在石器時代到青銅器時代之間擴展到歐亞大陸去的。

在日本，從長崎縣壹岐到福岡、大阪、奈良、愛知等的彌生時代（按：約西元前十世紀至西元三世紀中期）遺跡中，都找到過家雞的骨頭。最古老的骨頭是來自兩千四百年至兩千年前的奈良縣唐古・鍵遺跡。而彌生時代就是擴大農耕的時期。應該是伴隨農耕之故，讓家雞的飼育也跟著擴大了。在各地的古墳時代（按：約西元三世紀至西元七世紀）也發現了雞形埴輪（陶土燒製的偶），到了西元四世紀左右，家雞應該已經成為生活周遭很常見的動物了吧。只不過，由於在彌生遺跡出現的是以公雞的骨頭為主，所以推測當時的家雞比起食用用途，更可能是為了鑑賞等用途而被飼養的。

鳥也是被推捧就會在大地行走

那麼，在這裡就要思考一下鳥類這個類群的特徵。

這個類群，最特別的，絕對是在於牠們的飛翔能力。只要說到鳥類特徵就會想到「尾綜骨」的人，可以說是專業到太過偏執，偏執到失去了讀者的資格[6]。企鵝或鴕鳥等等之所以能夠坐穩牠們吉祥物的寶座，也是由於牠們具有明明就是鳥、卻不能飛翔的這種反向魅力所致。

正如眾所周知的，家雞不太能飛。話說回來，包含家雞在內的雉科本身就是個不太會飛的類群。包含孔雀和火雞在內的雉科鳥類，在世界各地大約有一百八十個物種。而在這其中，會有遷徙行為的，僅僅只有日本的日本鵪鶉（*Coturnix japonica*）或是鵪鶉（*Coturnix coturnix*）、丑鵪鶉（*Coturnix delegorguei*）、柳雷鳥（*Lagopus lagopus*）等幾種而已。其他的雉科鳥類基本上並不作長距離飛行。雖然也不是不會飛，但牠們平常是為了要睡覺而飛上枝頭、為了逃離捕食者而短距離飛行為主。可以說，比起飛行，牠們反而是更擅長在地面上步行

6 編註：尾綜骨是現生鳥類的基本特徵，在白堊紀與更之前的侏儸紀鳥類化石中都尚未發現這塊骨頭。

的類群。

即使已經身在雉科之中，家雞又是雉科裡頭特別不會飛的鳥類。因為再怎麼說，牠們都是為了食用而經過品種改良、容易飼養的物種。託此之福，肉愈多就愈受到誇獎；愈沒辦法在空中飛行逃走就愈被稱讚。在飼養時被譽為「足不出戶」（按：箱入り，有「千金小姐」之意）而倍受呵護的牠們，現在也仍舊朝向體重增加、不會飛行的未來持續走去。

也就是說，從這一點來看，家雞具有極端非鳥類性的特徵。真要說的話，家雞是鋼彈。的確，鋼彈也是很讚的機動戰士（Mobile Suit，MS），但是，把身體託付給履帶的那個機身，並不是讓我們心醉的巨大人型機動武器。就算在身邊就看得到，但是一看到鋼彈便誤以為「嗯哼嗯哼，機動戰士這種玩意兒原來比剪刀手（愛德華）還要不中用」的話，可就很危險了。與此相同，看到家雞就以為已經理解鳥類的心情是不可取的。

鳥類學家的困境

正如前面所說的，家雞可以成為理解鳥類的玄關門廊，這件事是一點也沒錯。前面也針對黃色喙部的誤解論述過了，那應該是來自周遭最常見的關於家雞的聯想。雖然也可能有鴨子等其他家禽的影響，不過家雞的貢獻絕對不小。不論是好是壞，人類總是為了想要理解鳥類，而擴大對生活周遭的家雞的想像。

另一方面，家雞不像鳥類的這件事也如前所述。牠們不光只是不會飛而已，還是花了長時間進行品種改良、依照特殊的條件被選擇出來的。因為如此，牠們具備了和在自然界之中因適應所做的演化不同的形質。

例如，家雞經常全身都被包覆在白色的羽毛之中。當然，也有不少像矮雞或鬥雞等不是白色的品種，不過白色品種是家雞的代表性印象，這件事也無法否定。

但是，作為家雞原種的紅原雞，雞如其名，是紅褐色的。在土雞的樣貌中還能夠看見那殘留著的形象。不擅長飛翔的雉科鳥類只要一旦被捕食者發現，喪命的危機就很大。牠們若是悠哉悠哉地在野外展現醒目的純白姿態，就會一頭掉進就連布魯斯．威利也臉色發青的驚悚懸疑世界。因為如此，雉科鳥類就演化出偽裝色。日常生活需要躲避捕食者視線的野生個體並不容許白色的存在，因為那不過是人擇出來的結果，和適應演化是不同故事的產物。

在思考鳥類的時候，沒有像家雞這樣既方便又不便的動物。以鳥類的代表來說，家雞是個異端，而那就是牠們的本質。

歡迎來到鳥類學廚房

雖然前言變得很長，不過在這本書中，我想把家雞所具有的代表性和異端性同時列入考量，再思考鳥類的性質。

在商店街就可以買到手的家雞各部位裡頭，隱藏著鳥類的特徵。一個個觀察這些部位，有時順便一邊品嘗、一邊就近觀察鳥類的演化與生態，不是也不錯嗎？

首先，來看看在市場裡面也占有最廣大面積的雞胸肉。請一定要緊握著雞胸肉翻書頁啊。雖然很遺憾的，我沒辦法給大家看看現場，不過當然了，我也是，邊握緊雞胸肉邊寫著稿子。

若是能夠一起找到那塊掉在廚房裡的鳥類學斷片，就是我無上的幸福。

※

另外，我漏寫了，關於究竟是先有雞還是先有蛋，這並不屬於鳥類學而是哲學的範疇。由於我跟那塊領域很不熟，所以請去問亞里斯多德。

PART 1

請給我翅膀

胸肉是在飛行之後[1]

首先是家雞的勝利

超級市場，簡稱為超市（按：スーパー，發音為Supa）。不過，再怎麼說，在超級市場這幾個字當中，重要的是「市場」的部分。因為是很厲害的市場，所以是超級市場。要是省略市場的話，就會不知道究竟是什麼很厲害很超級了，那不就賠了夫人又折兵嗎？

於是，就像我慣常所做的那樣，一邊藉著批評對日文的誤用亂用來出氣殺時間，一邊到鄰近超市的精肉區逛逛。那裡處理的肉類，主要為牛肉、豬肉和雞肉。這三種肉的賣場面積大概都差不多，假設被販賣的重量也都差不多好了。要是以一頭牛大約七百公斤、一隻豬大約一百公斤、一隻雞兩公斤來計算的話，家雞被販賣的個體數就會是牛的三百五十倍、豬的五十倍。家雞，一勝。

接下來，讓我們仔細看看雞肉區。在這個區域中占有最大面積的，是雞胸肉。今天的價格是每一百公克約為五十八日圓、豬肉約為一百五十日圓、牛肉約為兩百五十日圓。的確，豬肉和牛肉也很好吃，它們的價值真的值得那個價格。但是，身為科學家，就得進行綿密的驗證才行。

假設豬肉的美味程度是雞肉的兩倍、牛肉是雞肉的三倍。但是當價格高的時候，好吃就是理所當然的。在此，若我把雞肉每一日圓的美味以「1雞」來計算的話，豬肉和牛肉的美味就分別大約會是0.77雞和0.7雞。也就是說，每單價的好吃程度是雞肉大幅獲勝。家雞，二連勝。

正是因為如此，日本人最喜歡買的肉，就是雞胸肉。

1 譯註：日文中的「飛行」跟「油炸」的寫法相同，都是「フライ」，所以這個標題有「雞胸肉是在油炸過後」的雙關之意。

然後，雞胸肉的價值

那麼，在逛雞肉區的時候，會觀察到雞胸肉的賣場面積很廣闊，遠大於雞翅等等的賣場面積。這並不是由於雞胸肉非常好吃，好吃得不得了。實際上，我是比較喜歡雞翅膀的。你一定也是這樣吧。但是縱然如此，超市裡還是分了很大的面積給雞胸肉，那個理由非常明顯。因為在雞肉之中，占有最大重量的，就是雞胸肉。

為了要實際證明，我再次前往超市買了烤全雞。只是很遺憾的，雞頭和雞腳都已經被剁掉，內臟也被拿掉了。由於要是帶著這些部位整隻燒烤的話，多少有點可怕，拿掉也是無可厚非的事。我迅速地一邊解體一邊秤重。

首先，這隻雞的整體重量是一千四百四十四公克。雞胸肉為四百四十六公克，約占百分之三十。雞翅膀為一百三十公克。左右兩隻腿分別為四百五十四公克，不過這包含了雞大腿和雞小腿兩個部位。一般在賣雞腿的時候，雖然多半連雞小腿也會含在裡面，不過再怎麼想，小腿並不是大腿，所以在此就把它們分開來思考。這樣一來，大腿就占全身的大約百分之二十、小腿占百分之十一。這下子應該可以瞭解雞胸肉在身體部位中究竟有多麼神氣了吧。只要說到雞胸肉，就是雞肉中的雞肉啊（chicken of chicken）。雖然反覆說著雞啊雞的時候聽起來感覺有點懦弱，但卻是壓倒性的、代表性的雞肉。

雞胸肉是從哪裡來的

就因為這樣，首先來說說雞胸肉。所謂雞胸肉，指的是附著在胸骨上，和成為翅膀基部的肱骨連結的肌肉。這裡的肌肉是在把翅膀往下拍打時所使用到的肌肉。鳥類是藉由把翅膀往下壓的方式拍翅來獲得上升力及推進力，才進而能夠在空中自由飛翔的。

雞說是鳥類，但牠們生活著的世界的物理法則和作用在人類身上的物理法則是相同的。由於牠們在空中飛行實在是太過尋常，所以我們可能很難瞭解那種能力有多麼了不起。但是「為了要在地球的重力之下飛行來去，所以會需要龐大的能量」，這件事應該是很好想像的吧。讓這些能量發動的Ｖ８引擎，就是收納在身體前方的雞胸肉。

鳥類的身體為了要在空中飛行，會盡量削除無謂的部分，追求輕量化。特別是跟飛翔無關的部位，只剩下最低限度的機能、將其壓縮，以此來抑制重力的影響。為了在全身輕量化中維持巨大的引擎，胸肌在鳥體中占的比例就比其他動物要高出很多。牛胸肉和豬胸肉之所以沒有被當成個別的部位販賣，可以說，正是哺乳類的這個部位並沒有很發達的證據。

那麼，慧眼之士應該已經注意到了吧。家雞基本上是不在天空飛的。縱然如此，家雞用來飛行的肌肉卻有如此之多，這到底是為了什麼呢，一定讓你有種以子之矛攻子之盾的異樣感吧。

家雞擁有巨大胸肌的理由之一，單純只是由於家禽化的品種改良。人類向牠們追求的，既不是在變成雪原的庭院中跑來跑去，也不是在暖爐被桌（炬燵）中縮成一團[2]。單純只是肉的總量。在花費了漫長時間進行品種改良之後，才獲得總量如此驚人的雞胸肉。

但是，不是這樣而已。家雞具有可能進行品種改良的潛力，也是事實。正如前面所說，家雞是由雞形目雉科的紅原雞化為家禽的。雖然原本是一個獨立的鳥種，但由於是野生的雞，所以在日文中就直呼為野雞，這樣的稱呼實在有點失禮的感覺。因為再怎麼說，牠也是雉科的鳥類啊。

在日本的雉科鳥類代表，就是通稱為雉雞、目前被視為環頸雉亞種的日本綠雉（*Phasianus versicolor*）。牠是徹頭徹尾地利用桃太郎來提升知名度，並讓自己一路爬升到日本國鳥的地位，以至於將在歷史上留名的鳥類（按：在日本童話《桃太郎》中，綠雉是桃太郎的旅伴之一）。

基本上，不論是環頸雉或家雞，在身體設計上都有共通點，我希望各位可以記得雉科鳥類的大家都是很相似的。雖然實際上沒有家雞那麼大，但環頸雉也有著厚實的胸肌。

那麼，看看環頸雉吧，牠們平時也是以步行為主。要是在牠們後面追個幾步的話，牠們就會跑著逃走，而不是飛逃。要是認為「既然是鳥就該飛一下吧」地繼續追下去，牠們才總算飛起來。只不過這畢竟是野外實驗，可不是虐待動物，還請不要有奇妙的誤解，謝謝。

當環頸雉暴露在危機中時，牠們會激烈地拍打翅膀，像馬戲團的人體大砲（大砲飛人）般地咚咚飛起。那是會讓人們吃驚的氣勢，並不是像小鳥般的輕盈飛翔，也不是像老鷹般如同在表演空中特技似的飛行。是瞬間爆發性地產生一股巨大力量，一直線地飛走。

牠們的飛翔並沒有持續性。有時候會一口氣飛上一百公尺，然後降落在茂密的草叢中，消失了身影。在降落以後，牠們會繼續在草叢中步行，然後像反派三人組[3]般集體逃走。牠們並不會像家燕那樣長時間在空中飛舞，也不會就這樣飛越太平洋到澳洲去，而是瞬間起意、短期決戰型的飛法。牠們為了要在短時間內生出強大的力量，具備足夠大的胸肌是有必要的。

2 譯註：前後分別是指狗和貓。

3 譯註：日本的電視動畫《救難小英雄》中的反派三人組，由大小姐、瘦皮猴、笨猩組成。

雖然很遺憾的，我並沒有看過野生的紅原雞，不過牠們的飛行方法應該也很類似。根據文獻，牠們似乎至少可以飛個幾十公尺。牠們以步行作為日常的移動手段，不作長距離飛行，若有萬一時，再以萬全的準備在空中飛翔。家雞胸肌的大小，是源自於野生時代的這種生活。

比鳥濃、比鳥淡

那麼，你知道雞肉是什麼顏色嗎？櫻貝的顏色、漂亮女性害羞低頭時泛紅的臉頰顏色、林家平和林家波子[4]，可能會有各式各樣的回答，不過，總之就是粉紅色。但是，就算這是雞肉的顏色，也不是鳥肉的顏色。

麻雀、鴿子、烏鴉，在我們周圍有各種各樣的鳥類，牠們的肉的顏色基本上是深紅色。大家可以想成即使說是胭脂色也行的那種接近牛肉的顏色。肉色呈淡粉紅的，大概只有雉類而已。

這種紅色，源自存在於肌肉中的肌紅素（myoglobin）。肌紅素是色素蛋白，和氧的結合力很強。同樣是在血液中的色素蛋白的血紅素也是一樣，它負責和氧結合，擔任運送氧氣的任務。從血紅素接受這些氧，再儲存到肌肉裡面的，就是肌紅素。

鳥類為了要在空中飛行，需要很多的氧氣。特別是長時間的持續性飛翔，是邊消耗氧氣邊獲得能量的有氧運動。因為如此，在肌肉內儲存許多氧氣便相當必要。

只要說到鳥類的特徵，在空中飛行是一定不會錯的。為了讓持續飛翔成為可能，要具有富含肌紅素的紅色胸肌也是必須的。只要想想遠洋洄游型的鮪魚型態就可以理解了。

而另一方面，像雉科鳥類那種零星、單次的飛翔則並不伴隨氧氣的消耗，可以將其視為短期性產生能量的無氧運動。因為如此，包含家雞在內的雉科鳥類胸肉便因為沒有太多的肌紅素而變成淺色的了。這是定點隱密型的比目魚型態。

雖然是這麼說，但人們平時可能不太有機會看到野鳥的肌肉顏色等等。對於這些人，有個好消息。只要到稍微高級一點的肉鋪去，會看到鴨肉坐鎮在陳列櫃中，便能夠實際體會到其美麗的紅色。當然，那也不是野鳥，而是被飼養的個體，不過仍維持著紅色的肌肉。要是稍微擺譜，吃個法式橙汁鴨胸的話，便能夠體會到猛禽類的心情了。雖然在品嘗鴨肉的時候有可能多少會感覺到有點血的腥味，但那並不是放血失敗所致。請理解，這是和血

4 譯註：林家平（林家ぺー）和林家波子（林家パー子）是日本的藝人夫婦，夫婦倆會一起表演類似雙簧的漫才。

液中的血紅素相似的肌紅素的味道。而這，也正是鳥類飛翔的味道。

恭恭敬敬的，吃飛翔肌

我一直寫說胸肉是用來飛行的肌肉。但是我們平時能夠到手的，只不過是已經被肢解的扁平肌肉塊而已。這麼一來，應該無法實際感覺到那是否真的是用來飛行的肌肉吧。

在這裡，我要推薦摩斯漢堡。摩斯漢堡是誕生於日本的日本國產公司。不過我既不是要發揮愛國心之類的宣稱假如你是日本人，就不該去外資系的速食店而該去摩斯，也不是要推薦你吃米漢堡。

我要推薦的，是摩斯的和風炸雞。和風炸雞雖然是雞胸肉，卻附有棒狀的骨頭。正是由於有這根骨頭，才變得很好拿，很容易吃。可是，在超市裡販賣的雞胸肉，是沒有帶骨頭的。

雞在生前的胸肉是位於胸骨的上方，能夠氣勢十足地一口氣拉扯下來的，就是所謂的胸肉，而這裡是沒有棒狀骨頭的。那麼，這根方便好拿的骨頭，它的真面目究竟為何？答案其實是肱骨。

胸肌的末端是藉由肩部關節和翅膀連在一起。就這樣原原本本地利用其構造，讓人可以拿著肱骨吃雞胸肉的狀態，便是摩斯的和風炸雞。因為如此，把主要的雞胸肉部分吃掉以後，不知不覺就成了在手中拿著炸雞翅根（雞翅腿），這樣的結果。

只要吃過了和風炸雞，就能夠實際體會胸肌是和翅膀連結在一起，並理解到自己正在吃飛翔肌的這件事，摩斯的和風炸雞是鳥類學家們御用的美妙日本文化。當然，我並不是收受了摩斯漢堡的賄賂才在這裡讚不絕口。只不過，要是能夠趁此機會和貴公司攀上交情的話，就會是我無上的光榮。不，真的，請多多指教。

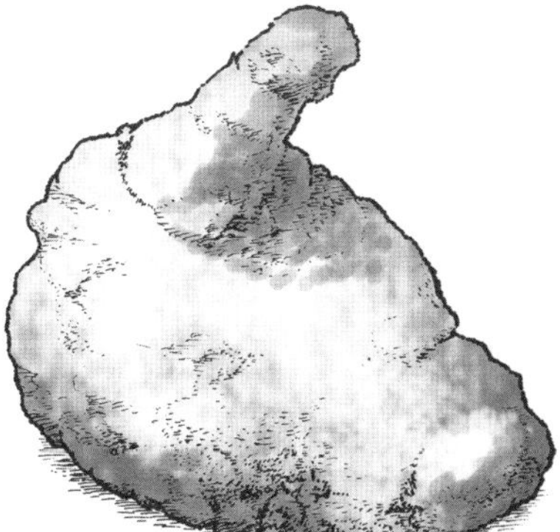

摩斯的和風炸雞。
上面的突起是上臂部。很好吃。

※

結果，為了撰寫本書，不得已只好在短時間內吃了烤全雞、橙汁鴨胸以及好吃的摩斯和風炸雞。要是持續這種不均衡的飲食生活，就很有可能由於體重增加而罹患成人病，繼而不小心在醫院和護理師走上戀愛之路，然後再經歷好幾次慘烈的下場。由於那實在是太危險了，所以接下來就以健康的雞柳[5]為主題吧。

5 譯註：雞柳是指雞身上的「里肌」，解剖學上稱為胸小肌，中文則是因其外型像柳葉而稱為雞柳。由於脂肪少、口感清淡，多用於沙拉及涼拌。本書中在指稱食物時譯為雞柳，在指稱活著的家雞或其他鳥類的身體部位時，則譯為里肌或胸小肌。

即使人在屋簷下，也不一定就是大力士[1]

所謂雞柳

只要是日本人，應該沒有人不知道雞柳是什麼。所謂雞柳（笹身，發音為sasami），是古語的「ささむ」（發音為sasamu）動詞在名詞化以後的詞彙。而「sasamu」則是從「hasamu（夾）」衍生而來的動詞，是由於「sasami」的纖維容易卡在牙齒裡面，便成了這個名稱的由來（摘自民明書房《食材古語辭典》）。

當然了，以上並不是真的[2]。這是在警告世人，現在的世界不可以輕易相信研究者的教訓。雞柳（笹身）當然是由於形狀像赤竹葉（笹

1 譯註：日本的俗語，原文為「縁の下の力持ち」，指的是日式建築外圍走廊下的支柱，衍生為「幕後英雄」或「無名英雄」之意。

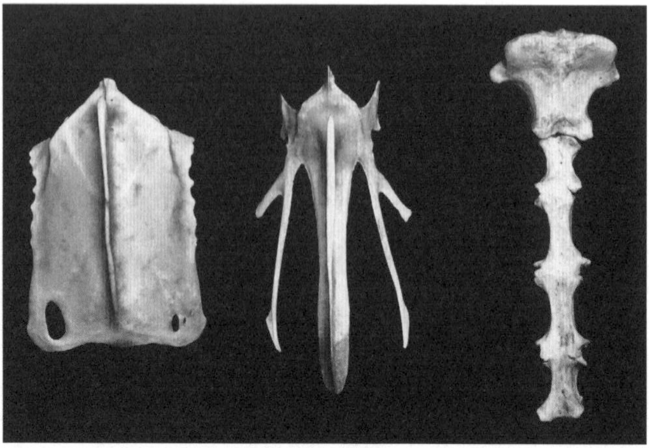

由左至右為黑鳶、家雞、日本獼猴的胸骨。

的葉子），才被叫做「笹身」而已，並不是由於會卡牙縫。

在肉鋪中被稱為雞柳且受人親近的肌肉，是被稱為烏口上肌（烏口上筋）的部位。那麼，所謂的雞柳，你可知道它位於身體的哪裡？雖然以食用肉來說，那是非常普及的部位，但是實際上對於它的正確位置，卻出乎意料地沒什麼人知道。

由於隱瞞這件事也很無聊，所以我就馬上公布正確答案吧。所謂雞柳，就位於胸肉和胸骨之間，也就是胸小肌（也因為它是夾在胸骨和胸肉之間，所以又被稱為里肌）。只要想像一下用棉被蓋住頭、拒絕面對朝陽的低血壓大學生的模樣就好了。以人類來說，胸骨是呈細細長長的領帶形狀，被收納在胸部的中心。胸骨的兩側連結著肋骨，形成守護內臟的鳥籠形狀。鳥類的胸骨雖然也是兩側連接肋骨的相同構造，但是和人類胸骨相較之下，它的左右幅度比較寬、胸部前面像是被防彈背心般的平面覆蓋著。

鳥類的胸骨中央在前方有突出來的骨板，成為龍骨突。所謂龍骨，是從船隻的船頭往船尾部分，為了用來支撐船身而配置於其中央、如同中心柱（大黑柱）般的材料，英文稱為keel。胸小肌則是沿著這個龍骨突的兩側，配置於胸骨之上。是左右一對、每隻鳥都有兩塊的肌肉。

從此配置可以猜想到胸小肌是和胸肉成套的部位，和肱骨（也就是成為翅膀基部的骨頭）接續的部分。換句話說，它是對於拍動翅膀飛翔有著貢獻的肌肉之一。各位讀者，你們可能會認為雞柳這種東西滋味既平淡又沒有特徵，應該是神明為了減重中的拳擊選手才創造出來的。不過，這種偏見也是到今天就會結束。

2 編註：民明書房是出自於日本漫畫《魁!!男塾》中虛構的出版社，大多「出版」一些荒誕不經的作品，過去甚至有讀者信以為真，電洽漫畫的出版社詢問民明書房的作品可於何處購得。

用過之後，就要歸位

覆蓋在胸小肌上面的胸肉，是把翅膀「往下拍」時使用的肌肉。鳥類為了要透過把翅膀往下拍而獲得飛翔力，導致胸肉在身體中變得特別大，並成為滋潤了肉鋪老闆口袋以及我家餐桌的崇高肉品，這部分已經在前面交代過。和這個比起來，胸小肌就顯得相當小。若是把胸肉整個串起來，會感覺有點奇怪，不過胸小肌就會是正好適口的大小。雖然同樣是飛翔肌，但這兩者在尺寸上有著這麼巨大的差異，是因為它們具有完全相反的機能。相對於胸肉是把翅膀往下拍時所使用的肌肉，胸小肌則是用來把翅膀「往上舉」的肌肉。

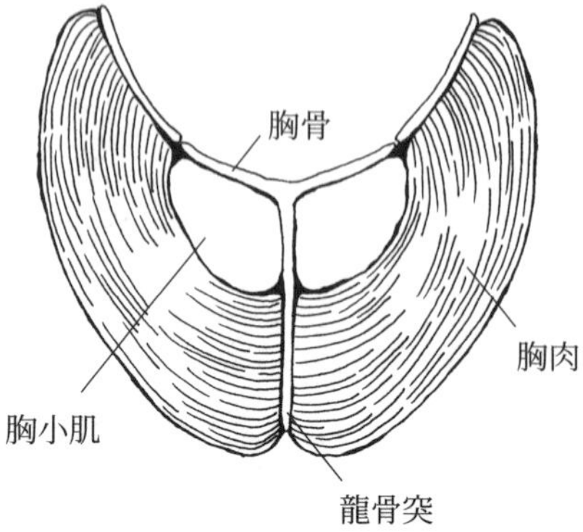

鳥類的胸小肌，位於胸肉和胸骨之間。

不論是鳥類或飛馬，亦或是大天使米迦勒，都要上下拍打翅膀才能夠在空中飛行。往下拍打的翅膀一定會為了下次的振翅而把翅膀往上舉，這就是胸小肌的任務。

在仔細觀察鳥類翅膀的動作時，會發現那並不是單純地上下活動而已。在往下拍打的時候，確實是直線性地讓翅膀動作。但是在往上舉的時候，若是產生很大的阻力，身體就會往下掉落。於是就以描繪S字的方式把翅膀斜斜往上舉，藉此讓空氣的阻力減至最小。有時候是把翅膀的一部分摺疊起來以減少翅膀面積，有時候則是在羽毛之間做出空隙好讓空氣通過。

由於空氣阻力已降至最小，往上舉時所必要的肌力也就變得最小。對鳥類來說，由於肌肉被羽毛隱藏起來了，所以沒辦法秀出肌肉自豪一番。因為如此，想要讓自己肌肉發達以便在健美比賽中獲得優勝的這種想法，或是在必要的作用以外讓肌肉發達，都是沒有意義的。託此之福，和產生推進力的胸肉相比，胸小肌就只要小小的就好。

胸肉是在鳥類飛翔時扮演引擎角色的重要部位。但是，只有胸肉的話，是沒辦法在空中飛翔的。就像搗麻糬[3]時需要有搭檔一起合作那般，胸肉也是由於和胸小肌成雙成對，才能夠發揮機能。妖鳥死麗濡[4]之所以能夠優雅地在空中飛來飛去，也是多虧牠擁有胸小

3 編註：日本人有過新年吃麻糬的習俗，而搗麻糬的工作需要由雙人合作，一人負責搗麻糬，一人負責將麻糬表面沾水，稱為「手水」，時不時也需要將麻糬翻面，是相當仰賴默契的工作。

4 譯註：妖鳥死麗濡的原名為「シレーヌ」，是在日本漫畫家永井豪的奇幻漫畫作品《惡魔人》中登場的角色，也是惡魔人遇到的第一個刺客，體型和長相都很美，有巨大且美麗的翅膀，手腳則具有強有力的爪子。

肌，這件事不可忘記。只不過死麗濡的胸小肌究竟位於哪裡，不解剖看看就不會知道。

胸小肌對人類沒有用

鳥類的飛行方式是因種而異，而這件事也會影響到飛翔肌的尺寸。鳥類為了飛翔，不單只是翅膀的上下動作而已，還跟翅膀的角度調整或開闔相關的幾十條肌肉有關聯，而以原始動力來說，最為重要的，當然就是胸肉和胸小肌。

胸小肌於體重中所占的比例，在所有鳥類中幾乎都是介於百分之一到三之間。再考慮到胸肉占了百分之十到三十，就很能理解胸小肌的密實程度了吧。附帶一提，人類引以為傲的腦部重量據說大約占其體重的百分之二，所以鳥類的胸小肌已經是個足以自豪的尺寸了。根據鳥種的不同，胸小肌的比例可能會更小。其中，胸小肌特別小的是鷹和遊隼類，牠們的胸小肌大概都不到體重的百分之一。

相對於此，雞形目、鵜形目、鴿形目的鳥類，胸小肌則占了體重的百分之三到八。要是人類的話，這是相當於頭部的重量。牠們是胸小肌和胸肉皆很發達的鳥類。

雞形目是包含家雞在內的類群。由於胸肉發達而被當成家禽飼養，並與聖誕大餐達成了共同演化的這段過程，大家都已經知道了。牠們是無比深愛著地面，和大地共同生活的鳥類。

分布於南美的䳍形目，在日本不太有名。牠們和鴕鳥、鴯鶓（*Dromaius novaehollandiae*）與奇異鳥（鷸鴕）等不會飛的大型鳥在內，都屬於「古顎總目」這個類群的成員。在大部分皆由不會飛行的鳥類所構成的古顎類之中，唯一具有飛翔力、有著孫悟空般立場的，是䳍形目。這種鳥同樣具有很強的地上性，有著和雞形目很相像的生活以及很相似的形態。

鴿形目則是比雞形目或䳍形目更適應空中生活的鳥類，但是牠們主要依存種子和果實過活，還是以在地面上覓食為主的大地愛好者。

在同樣尺寸的鳥類之中，牠們是身體比較重的一群。然後，由於不論何者都是依附著地面生活，所以擁有容易被掠食者盯上的共通點。為了要具備能夠讓自己順利逃脫的良好體態，就有必要擁有能夠快速動作（stroke）的翅膀，好能夠進行瞬間爆發式的飛翔。大型

的胸小肌和大塊的胸肉是為了維護生命的緊急逃脫裝置，就和只要一拉座位旁的把手，飛行員便會連人帶椅一起彈射出去的那個機制是一樣的。

究竟是大呢，還是小呢？

也有胸小肌占體重比例超過百分之十的種類，那就是蜂鳥目[5]的鳥兒們。牠們的胸肉占比約為百分之二十，和其他鳥類是同等的量了。也就是說，牠們把翅膀往上抬的肌肉是相對的大。而百分之十在人類身上是相當於一．五隻手臂的重量，可說是相當大的肌肉。

蜂鳥目很擅長滯空飛翔，也是在鳥類中唯一能夠往後飛的類群。在進行特殊飛行的時候，牠們會改變翅膀的拍打方向。牠們會把通常是上下拍動的翅膀改成往前後或往斜後方拍打，姿態就跟美軍自豪的傾轉旋翼機（tiltrotor）系列裡的V－22魚鷹式傾斜旋翼機（Bell Boeing V-22 Osprey）一模一樣。附帶一提，osprey是魚鷹的英文名稱。若是考慮到其運動方式，就應該要把暱稱改成蜂鳥才對吧。假如不這樣做的話，則是該把蜂鳥的英文名改成osprey才是。

蜂鳥目的鳥類和一般的鳥不同，牠們很擅長在把翅膀舉起來的時候也同時獲得推進力，於是在飛行時雖然會使用到體力，體力卻不會有所浪費。因為如此，在把翅膀往上抬時，和其他鳥類相比，也就有發出更大力量的必要。一般認為，蜂鳥目之所以會有相對較大的胸小肌，起因就是為了要做這種運動。蜂鳥目以其特殊的飛翔方法受到注目，在自然節目中被大大吹捧，仍舊是託了胸小肌之福。只不過胸小肌產生的力量約莫只有往下拍時的三分之一左右而已，效率差了若干，也是無法避免。

蜂鳥目具有鳥類之中最小型的身體。最小的吸蜜蜂鳥（*Mellisuga helenae*）僅僅只有兩公克，以日幣兩千日圓紙鈔來換算的話，只有相當於四千日圓的重量而已。身體小，意味著重力的影響也小。那是因為體重是長度的三次方，而決定飛行力的翅膀面積則是長度的二次方。

正是由於如此的小，才讓牠們的盤旋或後退飛行等無理的運動變得有可能做到。然後，就連身型已經這麼小的鳥類，都還是需要體重一成的胸小肌。只不過因為吸蜜蜂鳥原來的尺寸很小，於是牠們的胸小肌一條僅僅只有〇．一公克重。這個重量大約是家雞胸小肌的四百分之一。在吃雞柳的時候，可以想像一下蜂鳥胸小肌的迷你程度哦。

在把翅膀抬起來的同時也獲得了推進力的鳥類，除了蜂鳥目，其他還有雨燕目及企鵝

5 編註：傳統上蜂鳥是歸在雨燕目的蜂鳥科，最近才獨立為蜂鳥目。作者在本書中則直接將其歸類為蜂鳥目（ハチドリ目）。

目，牠們同樣也是以具有很大塊的胸小肌而為人所知。不論是在空中或在水中，胸小肌的功能都是一樣的。

無論如何，原本被看不起的胸小肌，這下子也該會被另眼看待了吧。

不要給予特別待遇

從秋天到冬天，是每個人都開始在意甜點熱量的脂肪累積季節。甜點的熱量是以文部科學省公布的日本食品標準成分表、通稱「食品成分表」為基礎來計算的。只要參照這份成分表，自家飲食也能夠很容易地計算出熱量。它也有網路版，為了維持健康，請一定要活用。

在這裡，請注意刊載在食物成分表中的雞柳、胸肉、雞腿肉、雞翅。以童子雞（若雞）來說，雞柳的脂質為百分之〇・八。去皮雞胸肉為百分之一・五、去皮雞腿為百分之四、雞翅為百分之十五。雞柳被視為健康食材也是理所當然的了。此外，脂質最多的部位是雞皮，有大約百分之五十都是脂肪。因為如此，減肥中的人可就要注意。

鳥類的脂肪通常是儲存在皮下及內臟周邊。雞柳之所以熱量低，可能的原因之一是它被夾在胸骨和胸肉之間，而此處是不論和皮下及內臟都離得遠遠的部位。只不過如前所說，只要沒有皮的話，胸肉的脂質也不是那麼多。實際上，看看每一百克單位的熱量，胸肉是一百零八千卡、雞柳是一百零五千卡，基本上沒什麼差別，所以不必被印象給迷惑。胸肉也可以吃，不用在意。

請不要嫌棄

到了最後，不論誰怎麼說，胸小肌的最大特徵，都是在於它的筋。雞柳雖然很好吃，但是應該也有人認為雞柳在嘴裡的口感不好又咬不斷，因而絕望地討厭它吧。

胸小肌是整個貼附在胸骨上面，然後從前端部延伸到肌腱，也就是筋。對躲藏在胸肉下方的胸小肌來說，筋是跟外界唯一的接點。這條筋繞過了肩部外側，再附著到肱骨的背面那一側。胸小肌是靠著這條筋把肌力傳達到臂部，再把翅膀往上舉。筋之所以固執難纏，就是因為如此。

要是沒有那條筋的話，雞柳就單單只是健康食品而已。筋，可說是胸小肌的特性。雖然是多少有點殘酷的實驗，不過若是把鴿子的這條筋切斷，鴿子就會飛不起來，此事已然得到實證。這麼一來，就連胸肉都無用武之地了。要活用或是浪費飛翔肌，都要看這條筋。

就連扇貝也是，不是貝柱（干貝）而是貝柱以外的部分，才是生物的本體。好比滋賀縣也不是琵琶湖，而是琵琶湖周圍的那圈陸地才是本體。雖然在吃的時候可能會覺得很礙事，不過請記得，就是要有筋才會是胸小肌，請重新認識它以後再將它吃下去。

※

總算把地基打好了。靠著胸部，鳥兒們獲得了用來在空中飛行的引擎。但是，沒有輪胎的話，機車就沒辦法跑，沒有木綿的話，一反[6]也飛不了。沒有飛翔器官卻能飛的，大概只有載著拿撥浪鼓的小孩的龍神大人[7]而已。

接下來，終於，要逼近飛翔依附於上的對象——翅膀——的真面目了。

6 譯註：一反木綿是日本傳說中的妖怪，形象是一片長形的白色木綿布。「反」則是布疋的大小單位，相當於一位成人份的衣料布帛量。在日本，成人用和服一件會用上一反（三丈）布，約為三十七公分寬、十二．五公尺長。

7 譯註：在日本動畫《日本昔話》（日本傳統民間故事）中搭配主題曲的角色，是個小男生騎在龍身上的模樣。

在意上臂的季節

你的手臂有多少肌男（macho）值？

我是不管再怎麼鍛鍊也不太會長肌肉的體質。也因如此，到我目前為止的人生中，只要到了夏天，看見肌肉男（macho）們很驕傲地穿著吊嘎的時候，我就感到非常地心酸。

而後，我鼓起勇氣問了問：「你就那麼想要炫耀自己的肌肉嗎？你是在輕視沒有肌肉的我嗎？」接著對方就會有點窘地說沒這回事，否定了我的說法。「那究竟是為什麼呢？」當我繼續追問下去時，對方會說：「因為肌肉很壯、上臂很粗啊。要是有袖子的話，粗粗的上臂就會被袖口卡著，在活動手臂時很礙事。」這確實是讓人可以接受的回答。肌肉男就是由於自己的肌肉很粗壯，才非得袒露肌肉不可呢。

由於我開始在意世間的強者有多少是肌肉男，於是我開發了一個表示肌肉男程度的肌男值指數。肌男值指數是把上臂的寬度除以長度得到的數值再乘以一百。以軟弱自豪的我的肌肉是25肌男值、肌肉隆起的巨石強森是47肌男值、超級賽亞人的孫悟空是50肌男值。確實，要叫他們跟我穿一樣的T恤是滿過分的。

所謂上臂，是指從肩部到手肘的手臂部分。以鳥為例，便是相當於雞翅根（手羽元）的部位，雞翅根在我父母家鄉的關東煮湯底盪漾的姿態，就是我的故鄉之味。為了對這樣的雞翅根表示敬意，我也對它進行了測量。結果居然有48肌男值呢，是超級賽亞人的水準。

鳥類是抵抗重力飛行的動物。後面會再加以敘述，例如腳部就竭盡可能地輕量化。但是無論再怎麼削減其他部位，飛翔所必要的翼部肌肉是不能退讓的。鳥類為了以飛翔為優先，就勵行「一點豪華主義」（按：意為其他方面並不特別講究，但在某特定品項上極其奢華），充實了翅膀的肌肉。

以上這種事情並沒有發生，希望大家要小心，不要被騙了。

自信滿滿。

確實，家雞的翅膀根部肌肉量是滿分，但那是以食用肉為目的被人擇出來的結果，很難說是鳥類整體的特徵。即使從手邊的標本來計算鳥類的肌男值指數，結果也是鴿子35肌男值、鷹和鸌則大約是20肌男值左右。長在野鳥翅膀上的肌肉量，其實並不怎麼樣。

收納在身體軀幹部位的胸肉是作為在空中飛行的主要引擎、因此需要產生肌肉量，此事在前面已經說過了。相對於此，配備於上臂部的肌肉，則是控制肘部或臂部的屈伸等，主要是用來控制翅膀的動作。那樣的構造，跟機車的引擎雖然位於車體中央，但是控制輪胎的煞車或懸吊系統等等是配置於輪胎附近，乃出自於同樣的考量。在吃炸雞翅腿時，不是多少會感覺有點不容易啃嗎？那就是為了要精密地控制翅膀，而有複數的肌肉交錯所致。

在翅膀的控制上所必要的力量，比起拍打翅膀時所需要用到的力量少了相當多。和目的是作為食用肉的家雞不同，鳥類的翅膀根部基本上並不需要過剩的體積。在關於腳部的部分之後也會加以敘述，不過，把體重集中在身體中心，是來自於對鳥類機動性的貢獻的一個重要概念。這個設計也被沿襲在翅膀上面。

話說回來，從鳥類翅膀前端到後方排著的一連串羽毛稱為飛羽，是獲得飛行用的推進力和上升力的重要部位。在觀察展開的翅膀時，雖然看起來好像是手臂整體都長著飛羽，

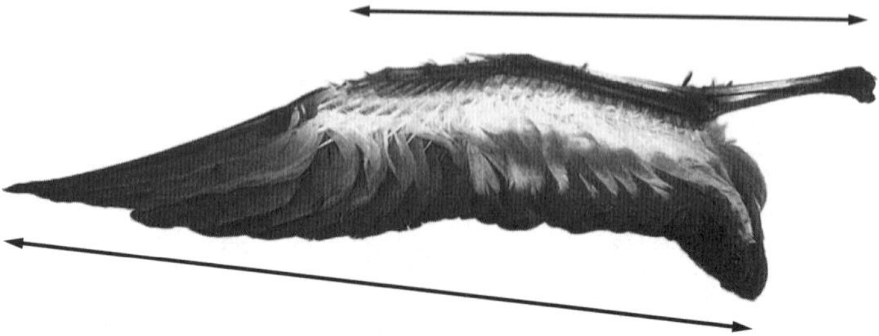

長尾水薙鳥（*Puffinus pacificus*）的翅膀。上方是臂部的範圍、下方是飛羽。

不過，你知道嗎，實際上在上臂部分並沒有長著飛羽呢。排在上臂後方的羽毛，只不過是從肘部往前的部分朝向內側傾斜、肩部的羽毛朝向外側傾斜而已。

作為飛行用器官的飛羽，是有必要被好好固定在支撐它的臂部上面的。要是上臂也長著飛羽的話，在把翅膀收起來的時候，這些飛羽就會從身體的上側突出來，應該會沒辦法被好好地收納。這麼一來，不論在飛翔或著陸的時候都會變得很礙事吧。上臂之所以沒有配備飛羽，可能就是因為如此。上臂要是太蓬會很礙事。肌肉男的吊嘎和鳥類飛羽的配置，有著這樣的共通點。

翅膀的內部是看不見的

支撐翅膀上臂中心的骨頭是肱骨。這是相當於人類的肩膀到肘部的骨頭，是扮演著翅膀主軸的重要角色。不過很遺憾的，就算是在野外觀察鳥類，這根肱骨也被羽毛遮蓋住、很難看到，所以有可能會以為所有的肱骨都長得一模一樣。不過，肱骨的形態卻是依照物種的不同而有很大的差異。

例如信天翁類的肱骨，它的長度可達到其翅膀最大寬度的六至七倍左右，可說是以非常修長的超級模特兒體型為傲。相對於信天翁，雨燕類則只有一・五倍左右，可說是甘於哆啦A夢的體型。附帶一提，麻雀和烏鴉、鴿子等等我們看慣了的鳥類，則大多落在二・五至三・五倍之間。

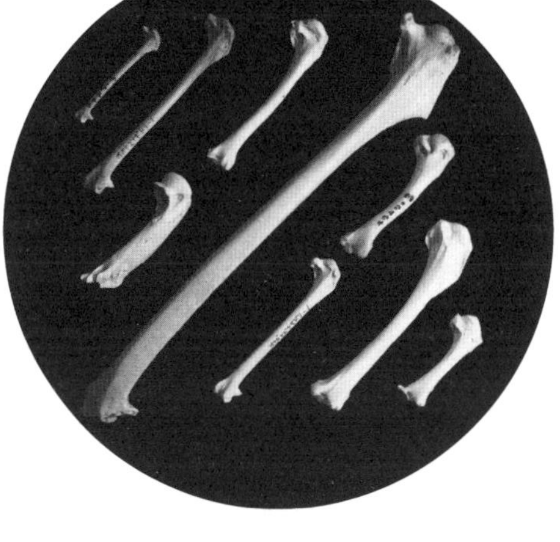

各種肱骨。最長的是黑腳信天翁（*Diomedea nigripes*）。

肱骨是在兩端有肩和肘的關節、在兩者之間以管狀骨頭加以連接的構造。像這樣的骨頭稱為管骨。由於在吃炸雞時看慣了的家雞肱骨基本上也是相同的構造，所以大多數人應該是能夠想像的吧。因為關節構造對任何一種鳥類都同等必要，所有肱骨的縱橫平衡是由連接於其間的管長來決定。信天翁類的這個部位延伸得很長，雨燕類則像山手線的上野站和御徒町站[1]那般地靠近、管狀的部位幾乎接近沒有。

信天翁類和雨燕類有著共通點，並不是只有從日文第一個字「ア」開始的五個字的名字而已[2]，而是在擅長進行長距離飛行這點上面。

信天翁類能夠乘著海風飛翔，一天就移動數百公里。在育雛的時候，為了覓食而單程飛行一千公里以上也不稀奇，時速有時還會將近一百公里。

雨燕類是邊飛行邊進食，也邊飛行邊睡覺。在幫高山雨燕（*Apus melba*）裝GPS的研究中，曾經有過六個月以上都沒有降落到地面的持續飛行紀錄。白喉針尾雨燕（*Hirundapus caudacutus*）則創下了時速一百七十公里的紀錄。要進入大聯盟打棒球也不是夢了，這可是被錢形警部[3]看到的話，立刻會被逮捕的超速駕駛速度啊。

能夠產生如此的飛翔能力，是由於其翼部的形態。不論是信天翁類或雨燕類，都具有細長的翅膀。這是比起拍翅更適合滑空的翼部形態。

翅膀長度的平方除以面積稱為展弦比（aspect ratio），是衡量翅膀細長程度的指數。拍翅飛行的烏鴉或麻雀、金背鳩（*Streptopelia orientalis*）展弦比是5到7左右。與牠們相較之下，擅長滑空的鷹類是8、雨燕類是11、信天翁類可達到18。宮崎駿動畫電影《天空之城》拉普達的機器人士兵展弦比是8，要是稍微瘦一點的話，說不定不必使用引擎也能夠很有效

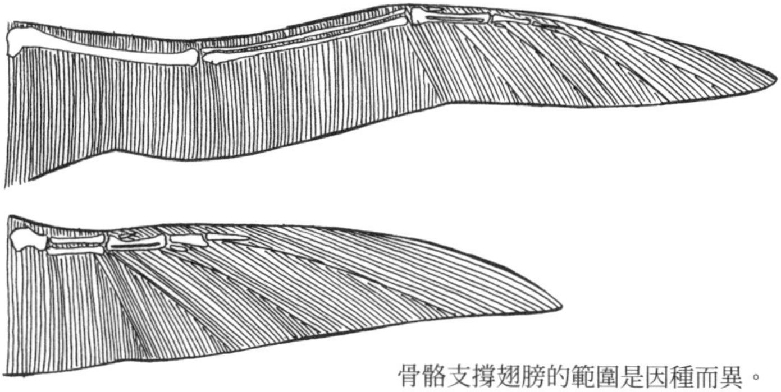

骨骼支撐翅膀的範圍是因種而異。
上面是信天翁、下面是雨燕。

率地滑空呢。

雖然同樣具有細長翅膀的共通點，信天翁類和雨燕類的肱骨形態卻有馬耳和念佛之間[4]那麼大的差異。翅膀的長度，是臂部的長度再加上從指尖往外長出去的初級飛羽的長度來決定。肱骨的長度當然會反映到臂部整體的長度，也間接地在臂部長度中翅膀所占的比例有所貢獻。像鴿子或烏鴉等一般鳥類的翅膀長度中，大約有百分之五十是臂部，在信天翁類大約為百分之七十。而

1 譯註：日本東京的山手線一圈有三十四・五公里，車站間距一般在〇・五至一・五公里之間。上野站和御徒町站之間相隔〇・六公里，算是相當短的。

2 譯註：信天翁的日文是「アホウドリ」，雨燕則是指叉尾雨燕「アマツバメ」，都是五個日文字。

3 譯註：錢形警部是卡通動畫《魯邦三世》中的警察，一直都在抓魯邦三世但一直都被耍。

4 譯註：「對著馬耳念佛號」（馬の耳に念仏）是日本俗語，意為對牛彈琴。

另一方面，雨燕類則大概只有百分之三十五。也就是說，相對於信天翁是以伸長臂部的長度來讓翅膀變得更長，雨燕類則是在短短的臂部前方伸長飛羽來賺長度的。

信天翁類依照物種會有超過十公斤以上的大型身體，並且必須以這樣的身軀在強烈的海風中飛行。牠們的飛翔，是用來在這個環境中作長距離移動的重要手段，並沒有做出靈巧動作的特別必要。也因為如此，藉由健壯的骨骼來固定長長的翼部以保持穩定，是最有利的。

而另一方面，雨燕類是一邊在風中飛行、一邊吃飛行中的昆蟲。為了要捕捉動個不停的小型獵物，牠們有必要做出高速的急迴旋或加速等特技般的飛翔動作。要是具有長長的飛羽，就容易藉由開闔這些飛羽來改變翅膀的形狀，讓超級傑出的控制變得可能。由於雨燕類裡面幾乎所有物種都是五十公斤以下的輕型鳥，光靠翅膀的強度就能夠充分支撐身體，應該也是有關聯的。

和雨燕同樣是以飛行中的昆蟲為食的家燕，臂部占翅膀的比例稍少於百分之四十。家燕和麻雀是同類，雨燕則和蜂鳥比較近，兩者的系統完全不同。但是由於兩者皆同樣具有喜愛空中生活、以飛行中的昆蟲為食的共通生活樣式，就演化成相似的形態。像這樣，不同系統的生物在類似的環境條件下演化出類似形質，稱作「趨同」。就像棉花糖鬼[5]和米其林寶寶那樣。

由於年輕才會犯的錯誤

鳥類的肱骨是中空的伽藍堂（Garandou，供奉伽藍神的神堂）。不是「ギャランドゥ」（Gyarandou）[6]，而是伽藍堂。像這樣的骨頭稱為含氣骨，是鳥類特徵之一。鳥類的肺是由幾個稱為氣囊的空氣袋連在一起的，並配置在身體的各處。由於其中之一的鎖骨間氣囊進到了肱骨之中，便讓這根骨頭成為中空的狀態。

一般認為氣囊是以進入骨頭內部來增加表面積，並進而成為幫助釋出體內熱氣的散熱器。由於鳥類沒辦法排汗，卻又會進行飛翔這種激烈運動，因此有必要把此時產生的熱氣釋放到體外。若不如此，就會過熱，進而從身體的內部被煮成棒棒雞。當然，肱骨變成中

5 譯註：棉花糖鬼（Stay Puft Marshmallow Man）是同樣拍攝成電影的《魔鬼剋星》系列小說中的虛構角色，長得跟米其林寶寶很像。

6 譯註：日本男歌手西城秀樹的第四十四張單曲，也是獲得第二十五屆日本唱片大獎金獎的暢銷歌曲曲名。曲名據說是杜撰的女性名，可唸做「gal un do」或「gal and do」。

空，對輕量化也有很大的貢獻。含氣骨的構造，可說是映照出適應了飛翔的鳥類演化的鏡子，當然家雞也繼承了這些。不在空中飛行而是潛到海中的企鵝，其肱骨就沒有中空化，而是變得很有份量，從這件事看來，便可知道那是為了飛翔用的構造。

幸好我們能夠從讓餐桌變得多彩多姿的炸雞塊來取得肱骨，所以請大家實際體驗一下這種演化的極致。極為高雅地享用晚餐的咖哩雞，再從肉裡面好好地把肱骨取出來。骨端粗的那一邊是肩關節。靠近看的時候，一定會看到陷入內側的洞才對。那就是氣囊進入的洞。

對，那裡那裡……咦？沒有洞？

唉，真是沒辦法。那就重新調整心情，把骨頭切成一半來看吧。然後就會看到中間變成中空……沒有啊……。

不，並不是我在說謊。雖然我有時的確會騙人，不過這次並不是謊話。此事實在是令人嘆息，對一般人而言可說是最容易看到的骨頭、這根食用肉類的肱骨，並沒有辦法確認含氣骨的構造。那是因為，在市場上販賣的雞肉，幾乎都是未成年的中雞（若鳥）。

家雞在孵化後大約五十天左右出貨。在這個時候，身體雖然已經長大為成鳥尺寸，可是骨頭卻還沒有長成。由於仍在成長的肱骨裡面有著骨髓，尚未變成中空，我們平時在吃的，是身體已經長到和大人一樣、內部卻仍然是孩子的，處於讓我們感到些許良心不安的階段的個體。手邊沒有哆啦A夢時光包巾的朋友，你們若是想要檢查驗證中空化了的成鳥骨頭，找一間會提供成鳥料理的串燒店喝上一杯，也是別有風味的呢。

年輕的肱骨還有另一個特徵，那就是骨端的軟骨。應該有不少人喜歡脆脆的口感吧，那也是中雞特有的部位，總有一天，軟骨會被置換成堅硬且緻密的成鳥骨頭。雖然亞成鳥的肱骨端是有點圓的無個性形狀，但長成了成鳥後，就會變成粗壯而具有特徵的形態。

鳥類的骨頭，有著在演化的歷史中被打磨出來的美麗設計。其中又以翅膀的骨頭，因為是跟飛翔有關的重要部位，而擁有高度的洗練性。但我們平時看慣了的家雞骨頭，卻由於是中雞，而尚未發揮這份洗練性。

有骨髓在骨頭裡面，的確就能夠煮出很好的高湯。雖然以家政課的教材來說，那樣也就很不錯了，不過要是想靠它來確認演化之妙的話，多少會覺得不足，搞不好，我們一輩子都沒有機會在日常生活中和成鳥的肱骨相遇呢。雖然那也是沒辦法的，但是請至少記得，在平時所看到、吃到的，是在發展途中的未完成作品的這個事實。要是光只看它就對鳥類骨骼的真正價值下評論的話，那可實在是太糟了。

※

在雞翅根結束之後，接下來談「雞翅中」，應該是理所當然的順序吧。

那麼，為了保證不出錯，我先翻開岩波書店引以為傲的《廣辭苑》[7]第七版「手羽」（雞翅）的部分確認一下。

てーば（Te-Ba）【手羽】在雞肉中的翅膀根部部分。雞翅肉。

這個，不就是所謂的雞翅腿嗎？由於「雞翅中」很難說是根部，所以在這部辭典中的「雞翅中」就會變得不是雞翅。那麼，「雞翅中」究竟應該要怎麼稱呼才好呢？很遺憾的，在《廣辭苑》中沒有「雞翅中」的詞條。這是到第八版出版為止希望能解決的問題之一。

7 譯註：由岩波書店發行的《廣辭苑》是日本有名的日文國語辭典，內容中包含了大量的古文和方言。在可信度和權威度上與三省堂的《大辭林》並列，也是日本人家中幾乎都會有的辭典。

好吃的雞翅是有骨頭的

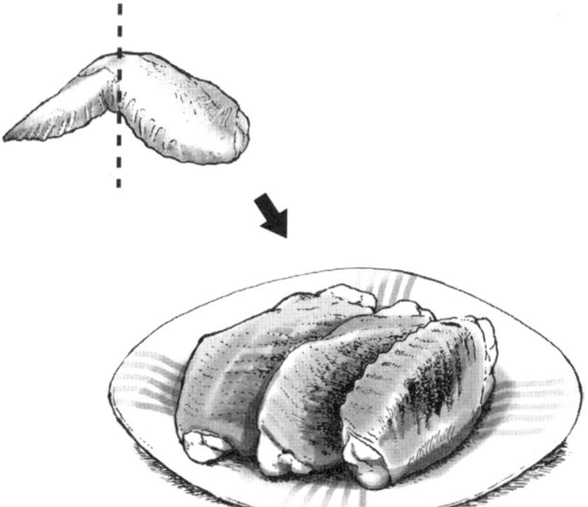

煙燻「雞翅中」。這是最好吃的。

等到感情變好為止

所謂「雞翅中」，是指從肘部到腕部為止，也就是相當於前臂的部位。一般以雞翅為名在販賣的是「く」字型的下半部，要是「ㄟ」字型的話就是右半部。撒鹽烤也很好、加醬料烤也很好、用醬油和糖去煮也好，是雞肉之中我最喜歡的部位。「世界的山將」[1]對其也讚不絕口，只要說到「雞翅中」就是名古屋，說到名古屋就是金鯱，講到金鯱就是炸蝦[2]。這個部位是以用來控制翅膀、鍛鍊得恰到好處的肉質為傲。

而另一方面，雞翅中又是以很難啃食乾淨而惡名昭彰。為了要能夠津津有味地吃它，除了拿著骨頭仔細啃以外，別無他法，連續十年成為「不想在初次約會時吃」的雞肉排行榜冠軍（川上調查），可不是在唬爛的。是否能夠彼此都不感覺緊張地吃雞翅中，也成為和交往對象之間的親密度指標之一。

雞翅中會如此不方便吃的理由，是因為除了上面的肉很少之外，還含有兩根骨頭所導致的。肉之所以少，主因應該是翅膀需要輕量化吧。而支撐這個部位的，是粗的尺骨和細的橈骨這兩根骨頭。為了要抵達橫擋在尺骨和橈骨之間的薔薇色主食，一定得要拆掉其中一根骨頭才行，這就成為餐桌禮儀的最大難關了。

有一個方法可以消除明明就很好吃、卻很不容易吃進嘴巴裡的雞翅中的困境，那就是以高溫或長時間調理。這樣一來，蛋白質可以完全變性，讓骨頭和筋腱還有肉變得容易分離。請和親密的對象一起享用以高溫炸得香脆的雞翅中，品嘗它的多汁美味。

兩根骨頭的祕密

人類的前臂和鳥類都有著相同的構造，內包著尺骨和橈骨這兩根骨頭。你和我也都與瑪麗蓮・夢露一樣有著相同的構造。相對於上臂是由肱骨這根骨頭支撐，前臂是由兩根骨頭構成，一般認為，這並沒有毛利元就[3]那般的意味，而是有其運動學方面的意義。

人類是由於有了這兩根骨頭，才有可能做出轉動手腕的動作。在立正站好的時候，尺

1　譯註：「世界的山將」原名為「世界の山ちゃん」，是以日本愛知縣名古屋為中心展店的連鎖居酒屋，以雞翅聞名。二〇一五年在台灣開店。

2　編註：雞翅是名古屋美食代表、金鯱則是名古屋吉祥物，炸蝦雖也是名古屋著名美食，但其重點在於炸得高高翹起的蝦尾很像金鯱尾巴。

3　譯註：毛利元就（一四九七年―一五七一年）是日本戰國時代的中國地方大名，以善使離間之計聞名，被譽為日本西國第一謀將。家徽是一文字三星，在一的下面有像品字排列的三個黑點。

骨和腕骨是平行的。手腕要能夠轉動，得讓尺骨和橈骨移動到扭轉的位置去，才能夠辦到。殭屍之所以會以大家熟知的姿勢存在、讓靈幻道士這種行業能夠成立，我們之所以能夠把手掌朝下敲擊電腦鍵盤，也都是因為託了橈骨和尺骨之福。

但是，換成是鳥類的翅膀，就不太會看到扭轉方向的運動。假如要讓牠們的翅膀好好地承受風力，反而是要有不易轉動的翅膀，這才更好。一般認為，對鳥類來說，這樣的構造是用來讓翅膀穩定屈伸的機制。

古典的桌燈燈架是以兩根平行棒構成平行四方形，運動關節時讓平行四邊形變形，以接續上下部位連動的方式來維持姿勢。就是皮克斯的logo裡走來走去的那個東西。在鳥類的翅膀上有著筋腱，在伸長肘部關節時筋腱會被拉扯、手腕的關節也伸長，從上臂連動到翅膀前端，才順利地展開翅膀。一般認為正是由於位於翅膀中央的橈骨與尺骨是採用桌燈結構，才能夠輔助翅膀的伸展動作。

在鳥類當中，前臂部這兩根柱子的構造雖然還維持著，不過在一部分的脊椎動物中，尺骨和橈骨卻已經合在一起，存在感變得稀薄。

在我們的生活周遭比較常見的好例子，是牛或馬的尺骨。特別是馬的尺骨變得非常的小。假如是機動性強，身體構造是為了便於靈巧轉彎、到處跑來跑去的小型哺乳類，那也就算了，但是對習於直線奔跑的大型哺乳類來說，為了維持扭轉運動的骨頭並不是一定必要的。以強韌的單根骨幹來支撐沉重的身體，反而是前臂扮演的角色之一。鹿和長鬃山羊等等的尺骨也有縮小的傾向。

不要的部分就將其廢棄，無用的社員就將他裁員，不論演化或社會，都是嚴酷的世界。特別是鳥類，牠們為了輕量化而在各部位進行骨頭的裁減，反覆地進行縮小和癒合。前臂的兩根細骨也該像牛和馬那樣合成一根骨頭，才會變得又輕又堅固。但是縱然如此，在雞翅中的內部，兩根骨頭卻仍舊好好地維持著，這應該就是它們真的很有用的證據。

翅膀的刻印

雞翅中，在鳥類的身體裡面又占有特別重要的地位。那是因為這裡是飛羽附著的部位。飛羽是構成翅膀的主要羽毛，也是用於空中飛行的主要器官。附著在雞翅中上面的，是成為次級飛羽的羽毛。在這裡，藉著來自前方的風把自己鼓起來以獲得往上升的力。次級飛羽在上面描繪出突起的曲線。來自前方的氣流會通過翅膀的上下兩面，但是由於翅膀有厚度，上面和下面的彎曲度不同，所以通過上面的空氣壓力會變得比下面來得低。由於上側被減壓，結果，就生出了往上的力量，獲得了上升的上揚力。要是以比較難一點的話來說，就是受了白努利定理的照顧。

陳列在肉鋪的雞肉是羽毛已經被拔光的狀態，身為飛翔者的那份自豪，看來是粉碎成片片了。不過，在那裡還隱藏著飛羽的痕跡。從後方來觀察雞翅中，也就是從放成ㄑ字形時的內側去觀察時，就會看到像是比目魚鰭邊肉那般，或是像藍波[4]機關槍的彈藥帶那般的構造排列。這些是曾經長有飛羽的羽軸的痕跡。由於在雞翅根（雞翅腿）看不到這個構造，所以兩相比較之後，應該就能夠看出雞翅根和雞翅中所負責的任務不同了吧。

在盡情享用炸得酥脆的雞皮、吃掉柔軟厚實的雞肉以後，就會看到尺骨現身。仔細看看這根骨頭，會看到在後側有被稱為翼羽乳突的小突起一點一點地排列著。突起的大小是因種而異，例如啄木鳥或鷺鷥身上的便很醒目，但是在包含了家雞的雞形目身上卻是不太發達。特別在中雞身上更是非常不顯眼，所以很難在餐桌上確認。不過，要是相信那裡確實有著突起，秉持著這樣的想法再去查看的話，就一定能夠確認到它的存在。這種翼羽乳突，是次級飛羽要附著在尺骨之上的基礎。飛翔的機制，就連在雞翅中的內部，都會留下它的刻印。

鳥類的身體被羽毛所覆蓋著，而那些羽毛基本上是從皮膚長出來的。但是飛羽的羽軸基部卻會深達骨頭。飛羽作為飛行裝置，為了要好好地承受風力，就不能夠像姆米裡面的樹精（Hattifatteners）那樣軟軟地扭來扭去。皮膚柔軟的話，在風壓之下，基部很容易就會被動搖，但羽毛的基部要是以骨頭固定，就能穩如磐石。你若覺得這是謊話，就把傑克的魔豆種在蒟蒻上面，讓豆藤長到天上，再爬到雲上的鬼魂住處看看吧。我保證你的腳步會搖晃到讓自己在抵達雲上之前就先抵達天堂。讓我們實際體會一下被強固的大地支撐著的意義。

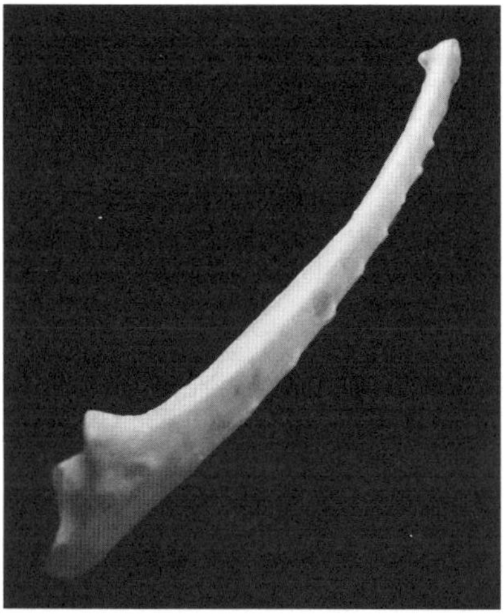
排列在小白鷺（*Egretta garzetta*）的尺骨上的翼羽乳突。

翼羽乳突的存在，間接地顯示了飛羽的存在。這件事情對恐龍學也有貢獻。在看恐龍圖鑑時，會看到似鳥龍或伶盜龍（迅猛龍）這些恐龍的臂部存在著由飛羽構成的翅膀的復原圖，但並不是從這些恐龍的化石找到了飛羽本身，而是因為發現了在尺骨上排列著翼羽乳突，才以此為根

4 譯註：藍波是由美國影星席維斯・史特龍主演的系列電影主角。

據，推斷出臂部也是翅膀。

普通是最好的

正如前面已經介紹過的，雨燕和家燕的上臂部由於沒有長飛羽，所以變得特別短。因為如此，相對於其上臂部，這些物種的前臂部，可以達到大約上臂部百分之一百五十的長度。除了這些以外的大多數物種，牠們的前臂部長度則大多落在上臂部百分之八十到一百二十的長度範圍內，差不多是一比一。

說起來這也是理所當然的事情，鳥類在不飛翔的時候會把翅膀摺疊起來、收納在身體的側面。因為維持張開的狀態就只是礙事而已，連想要跟心愛的伴侶依偎也辦不到。將上臂部從肩膀朝向身體後方收攏，肘部彎曲大約一百七十度，把手腕抬起到肩膀的側面。再將手腕彎曲一百五十度左右，把翅膀的前端朝往後方收起。鳥類為了飛翔雖然會具有比身體長的翅膀，但卻也能像少林三十六房的三節棍那樣收納得非常密實。

在這個時候，要是上臂部和前臂部的長度差距很大的話，翅膀就難以收納得很緊密了。託了這種平衡之福，停棲在樹枝上的鳥類也可以把翅膀收納得很漂亮。雨燕及家燕之所以看起來若干呈現為平肩狀態，是由於上臂相對較短的緣故。

相反的，也有削肩型的鳥類。那是不會飛的鳥兒們。例如鴯鶓或洪氏環企鵝（*Spheniscus humboldti*），牠們的前臂長度大約是上臂的百分之七十，鴕鳥則大約只有百分之三十。不過，沖繩秧雞（*Gallirallus okinawae*）則大約是百分之八十五，和其他的秧雞類差不多。那可能是由於牠們飛翔力退化的歷史還很短，在爬樹或滑空等的時候仍會輔助性地使用翅膀所致。

不論是尺骨或橈骨，在鳥骨之中，雞翅中的骨頭也是看來最無聊的部位之一。由於上臂具有支撐翅膀好讓翅膀發揮作用的重要功能，成為其核心的肱骨便很粗、很有存在感，具有能讓肌肉牢固附著的獨特構造。另一方面，從手腕往前的腕掌骨是複數骨頭合在一起而成的複雜形狀，依照物種的不同，顯示了多樣的形態。但是，前臂部分位於翅膀中央的連結性位置，不容易顯示出物種的特徵。尺骨和橈骨都沒什麼顯眼的突起，雖然長度和粗細多少有點差異，但不論哪種鳥的尺骨和橈骨，都是很相似的細棒狀，就像是被鋼彈和鋼坦克夾著左右為難的吉姆[5]那般的立場。

即使是在如此平凡的橈骨尺骨界，也還是有著具有獨特形態的物種，那就是企鵝類。

5 譯註：鋼坦克（Guncannon，RX-75）是日本動畫《機動戰士》鋼彈系列中出現的一種虛構兵器，陸戰長距離砲擊支援用MS。吉姆（RGM-79 GM）是另一主力兵器。

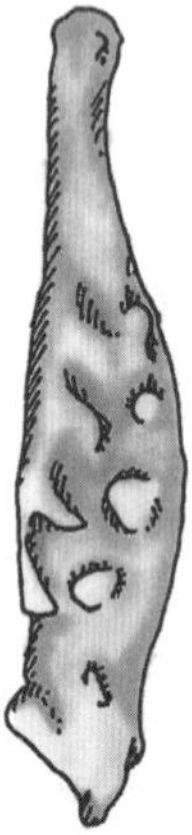
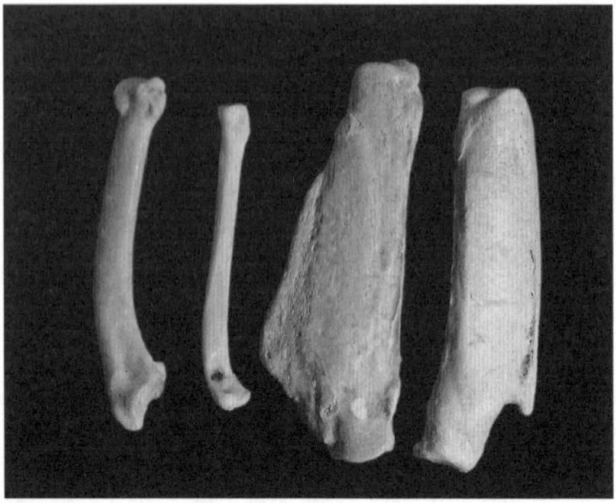

（右）由左起為家雞的尺骨和橈骨，洪氏環企鵝的尺骨和橈骨。
（左）白斑翅嬌鶲的尺骨乃是棍棒狀的。
由於沒有照片，便參考 K. S. Bostwick et al:Biol.Lett., 8, 760(2012）的圖繪製。

牠們雖然不能在空中飛翔，卻會在海裡游泳。水鳥的游泳方式，分為使用翅膀拍翅潛水以及使用腳來划腳潛水兩類，企鵝屬於前者。因為如此，牠們的翅膀就演化成被稱為鰭腳的一片板狀的器官。然後，牠們的橈骨和尺骨，為了能夠自在地操縱水的阻力而巧妙地變得扁平，洋溢著鰭該具備的機能。驅動著像中華菜刀般銳利的鰭，只不過輕輕錯身而過、就能夠把日本鯷（*Engraulis japonica*）片成三片的姿態，更是牠們的壓軸之作（在武俠小說中，則像是丟一根頭髮到刀鋒上那般）。雖然尚未有過這樣的報告，不過企鵝為了游泳而演變出的洗鍊形態之美，則是不可否認的。

另一方面，分布於南美的白斑翅嬌鶲

（*Machaeropterus deliciosus*）也以其獨特的前臂而自豪。牠們的尺骨形狀就像是最初的人類山林小獵人[6]們可能會拿來揮舞的那種棍棒，並具有站在猛瑪象之前也絕不後退那般的迫力。據說嬌鶲類的名字是為了向麥可．傑克森[7]致敬而命名的，這類的鳥，都會為了求偶而展示獨特的舞蹈。白斑翅嬌鶲在做這種求偶展示時，會一邊輕輕地跳躍，一邊以翅膀發出聲音。

白斑翅嬌鶲的特徵不是只有尺骨而已。次級飛羽的羽軸也變形成棍棒狀，並以高速摩擦其前端部位來發出求偶用的聲音。這種尺骨非常奇特，除了能夠支持高速風切摩擦之外，還具有讓那種聲音發出共鳴、演奏出美麗情歌的機能。為了發出這種愛之歌，其高速拍翅可達到每秒一百零五次的超絕速度。當然這也是已知的鳥類拍翅中最快的速度了。一般認為飛翔時的拍翅是以蜂鳥的速度最快，但那也只不過是每秒大約八十次左右。在介紹牠們時，之所以會加上「飛翔時」這幾個字，正是因為真正的王者白斑翅嬌鶲在南美才是睥睨群雄。

乍看之下很低調的前臂部，各方面都滿溢著鳥類的自尊，因為它是支撐著鳥類的構造

6　譯註：《山林小獵人》（ギャートルズ）是日本漫畫家園山俊二的漫畫作品。
7　譯註：白斑翅嬌鶲的求偶展示中有「退行振翅」的行為，看起來跟麥可．傑克森的太空漫步很像。牠們的日文名字「マイコドリ」發音便是「Mai-ko-do-ri」。

之一啊。

※

那麼，雞翅膀的一半是雞翅中，剩下的另一半被稱為雞翅尖。但是，雞翅尖通常被當成雞翅膀的一部分一起販賣，很難看到它被單獨陳列在店鋪的架子上。在這個世界上，難道就沒有一塊承認雞翅尖的地位、單獨販賣雞翅尖的聖地嗎？

隨著這樣的思考，以應許之地為目標，開啟了我的冒險。才覺得剛開始呢，卻馬上就結束了。因為，在我走路五分鐘就會到的超市裡頭，販賣著堆積如山高的雞翅尖。不過，那也只不過是下一場冒險的序章而已。

沒有（雞）翅尖就沒有鳥

全都是為了自豪

我代表人類，對足球懷有強烈的反感。

以兩腳步行是鳥類和人類的共通特徵。我們那值得敬愛的始祖們，是由於兩腳步行，才得以將前肢從體重的束縛中解放，給了手使用工具的自由。託此之福，人類才能夠自在地操控雙手，火、車輪、金屬、漫畫、成為現代文明基礎的一切才統統都發明出來了。能使用手，正是人類的特性。

縱使如此，（在足球中）使用手還是犯規。只不過是發揮人類之所以為人類的本色，就被嘲笑說是「沒用的東西」。足球完全是沒道理、超荒謬的運動。禁止人類引以為傲的特色，真是笑死人了。要是被火星人知道的話，應該立刻就會成為全銀河系的笑話吧。

以沒有運動神經為傲的我，表面上假裝紳士，沒事就前往時髦的咖啡店散發我的怨恨。在這樣的我的面前，桌上放著炸雞的雞翅膀。這是前肢解放聯盟的同胞，鳥類的前肢。當然，牠們的特性也被烙印於此。

雞翅膀是拿著「く」字當中比較細的那一邊吃。首先放進嘴裡的，是相當於從肘部到腕部的雞翅中，是有著鮮甜滋味的優秀部位。問題在於那個部位的前面——雞翅尖。這裡基本上都是骨頭，不太感覺得到肉。就算是仔細地啃，也連皮都剝不掉；若是想要高雅地吃它，那更是無比困難。要是對這個部位太過於執著，很有可能就會被臉上帶著超過營業範圍的微笑的服務生認為是淺薄的客人，剛萌生的愛戀之芽也會就此被摘除。這裡，最重要的，就是知道打退堂鼓的時機。

不，倘若在這裡不碰雞翅尖、只是擱著不管，反而可能被貼上浪費食物錢淹腳目奢侈揮霍的暴發戶標籤呢。要是那樣就糟了。吃還是不吃，真是個難題啊。

在世界各地反覆發生這樣的悲劇，全都要怪雞翅尖。話說回來，雞翅尖這個稱呼也不是主流。在附近的超市是用「雞架子」（鳥ガラ）的名稱販賣，完全忽視它的獨立性。但是，以食用肉而言被視為「不足取」的雞翅尖，對鳥類來說，卻是極其重要的部位。要是沒有這裡的話，鳥類是無法飛翔的。

小小的骨頭是演化的痕跡

（雞）翅尖是從腕部往前的部位。努力啃食這個部位時，應該會看到在腕部附近有許多小骨頭，比較長的棒狀骨有兩根，在更前方還會出現好幾根短棒狀的骨頭。人類的手部，在手掌靠近手腕的附近也有許多小骨頭，這些是腕骨。在手掌上有連接手指的細長掌骨，在其前方則有指骨。鳥類和人類基本上有著相同的構造，構成翅尖的骨頭也是，從基部開始會有腕骨、掌骨、指骨。

在鳥類的前肢中，腕骨的一部分和掌骨癒合在一起、變成稱為「腕掌骨」的這根堅固骨頭，是牠們很大的特徵。但由於作為食用肉的雞基本上都是年輕的中雞，所以這個部位的骨頭尚未癒合，還是分離狀態。

「個體發育史是系統發育史簡短而迅速的重演」。這是十九世紀德國生物學家恩斯特·海克爾（Ernst Haeckel）提倡的學說。對於這個見解的正反議論也一直被反覆提起，不過至少在看鳥類的翅尖時，會覺得這個主張是可以接受的。成鳥的腕掌骨會由於骨頭的癒合而

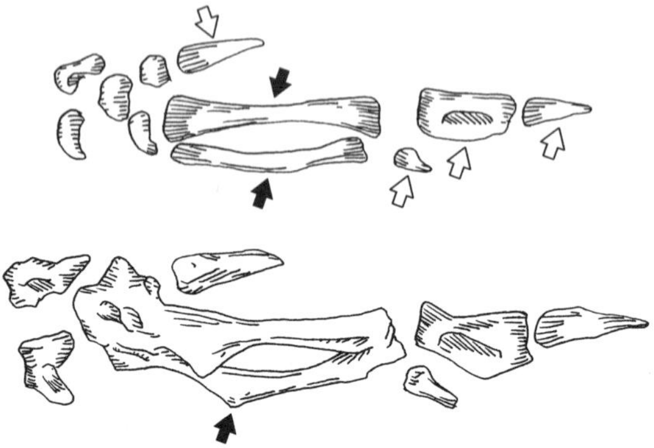

上｜吃完以後從雞翅尖取出來的骨頭。
白色箭頭：指骨。黑色箭頭：掌骨、左邊的五個是腕骨。
下｜家雞成鳥的雞翅尖骨頭。黑色箭頭：腕掌骨。

成為獨特的形態，單獨來看的話，應該無法想像那是掌骨。但是，換成相當於鳥類祖先的恐龍，牠們的這個部位則沒有癒合在一起。如果觀察中雞的骨頭，應該就能夠推測出到骨頭癒合在一起為止的演化途徑了。

雖然這個部位可能確實很難啃食，但是在咕嘟咕嘟地燉煮了許久以後，就會得到很好的高湯，雞皮也變得柔軟，軟組織能夠很輕易地從骨頭分離。煮成蔘雞湯風味也行，用醬油和糖來滷也可以。希望大家能夠至少分解這個部位一次，感覺一下殘留在鳥類翅膀中的手部痕跡。

這個部位的重要性在於它的功能。在變成食用肉品之前，這個部位就已經長了初級飛羽。初級飛羽在讓身體產生浮在空中的上升力時很有幫助，也以在拍翅飛行時用來獲得推進力而為人所知。一般來說，如果沒有這個部位的羽毛，鳥類便無法在空中飛行，而翅尖則是這個部位的基礎。

在動物園等場所，經常把鳥類放養展示在外面。被放養的並不是鴕鳥或鴯鶓等不會飛的鳥類，反而大多是天鵝或雁鴨等擅長飛行的鳥類。縱然如此，牠們之所以不會逃走，是由於初級飛羽被剪斷所致。要是這種羽毛被剪斷的話，牠們就會變得無法飛行，在開放場所中放養也就變得可能了。

在和動物愛護及管理相關的法律、通稱為「動物愛護法」之中，寫著以下的條目。「動物的所有者或占有者，為了防止其擁有或占有的動物逸逃，得努力採取措施才行。」對飛羽所做的處置便相當於這一條，此事也是可以理解的。

鳥類的指頭已經喪失了像人類指頭般的操縱機能。在現生鳥類當中，指骨成為初級飛羽的基部，也支持著飛羽的功能。在飛翔時，若是飛羽搖搖晃晃的，就很難有效率地飛行。羽毛的基部直接附著在骨頭上固定住的話，翅膀就會成為穩固的飛翔器官。由於它們的主要任務就是固定，只要把這件事做好，就不再需要那些讓關節等變得可轉動的肌肉了，於是即使翅尖只由骨頭和皮所組成，也沒有關係。指骨雖然失去了指頭原本的功能，卻和腕掌骨一起組成了手部的強健構造，對飛翔生活有很大的貢獻。很難啃食乾淨的牢固程度，是為了飛翔的演化禮物。

雖然以食用肉部位來看，雞翅尖的價值很低，不過下次看到時，若可以懷想一下其生前的功能，應該也多少能夠以此追悼吧。

不過，先等一下，「生前」這兩個字好像有點不可思議吧？嬰兒不是只要一出生，就叫做生後嗎？既然誕生以後叫做生後的話，生前不就應該是誕生之前嗎？話說回來，由於死亡以後叫做死後，那麼，在日文之中把死亡之前稱作死前，這才是對的吧。從生後開始，經過生前，再到死後，這個順序到底是怎樣啊？

數到三

那麼，再仔細看看雞翅尖裡面的骨頭，就可以看到有一些突出到外面的細小骨頭。這些是相當於指頭的部分。從外觀上看鳥類翅膀的時候，看起來是好像完全沒有指頭的，但是看骨頭時，就會知道還留有三根指頭。其實，這些指頭究竟是哪幾根指頭，這一點，在近年的鳥類學史上引發了很大的議論。

一直以來，大家都公認鳥類的指頭是第二、三、四指。換句話說，就是從食指到無名指。一般而言，第四指被認為是在尺骨前方最初生長出來的指頭。以鳥類來說，也已經確認了最旁邊的指頭是長在尺骨的前方，而這被解釋為第四指。由於最旁邊是第四指，所以剩下的兩根就成為第二、三指。但是，這件事情就成了在思考鳥類演化時的重要障礙。

一般認為鳥類是從恐龍的獸腳類演化而來。這是包含霸王龍在內的，二足步行的恐龍類群。根據羽毛恐龍的發現以及骨骼形態的解析等等，都顯示出鳥類和恐龍的類緣關係是非常的強。不過，由於一直到最近為止，還殘留著跟手指相關的矛盾問題，所以花了很久的時間，鳥類是恐龍演化而來的學說才建立起穩固的地位。

獸腳類恐龍原本有五根指頭，而隨著時代的演進，指頭數量變少了的這件事情已經從化石的證據獲得確認。但是，在恐龍身上是從小指依序消失，那麼，變成三根指頭的時候，殘留的應該是第一、二、三指才對。

已經消失的器官通常是很難回復的。這稱為道羅的不可逆定律[1]，顯示出演化的不可逆性。由於第四指在恐龍時代就已經消失了，但鳥類卻重新獲得這根指頭，取而代之的，是讓第一指消失，此事是很難想像的。由於這根指頭的結構差異，導致許多人一直對鳥類是恐龍子孫的這個說法抱持著不同的觀點。

1 譯註：Dollo's Law of Irreversibility。由比利時古生物學家路易斯・道羅（Louis Dollo）於一八九三年提出的定律。

關於這一點，在二〇一一年時總算有了結論。由日本東北大學教授們在動物發生學（動物発生学）方面的證據顯示了鳥類的指頭是第一、二、三指。詳情就先行省略，總之就是說明了成為指頭的原基部在發育初期雖然是位於第四指發育的位置，但是在那之後卻有所移動，脫離了形成第四指部位的支配。因為有這份研究，才讓否定鳥類是從恐龍演化而來的證據消失。

雖然是我們隨隨便便就稱為雞架子的部位，但卻也是如上所述的，隱藏著演化途徑之謎、值得關注的部位。

殺手鐧的使用方式

翅尖已經喪失了指頭的機能，基本上是以支撐飛羽作為其畢生的志業了。但凡事總有例外，這就是生物界的有趣之處。在這世間，存在著具有本該已經失去的指頭的鳥類。例如分布於南美的麝雉（*Opisthocomus hoazin*），在日文漢字中稱為爪羽鶏。

在麝雉幼鳥的翅膀上，有著露出第一指和第二指的銳利爪子。牠們雖然是在樹上生活，不過在樹枝上爬時會用到這個爪子。由於成鳥能夠在空中飛行，爪子就變得不必要了。

也因為如此，這根指頭在後來「轉大人」的時候就會消失。只要把麝雉的爪子想成像是蒙古斑[2]那樣的東西即可。其他還有以鴕鳥的第一指和第二指、鷸鴕的第二指為首，在趾尖留有爪子的鳥類在現代也都仍然健在。由於除了麝雉以外，其他鳥類都不怎麼活用爪子，以後爪子會消失的可能性很高，所以若是想要確認牠們的爪子，就得趁現在了。

若以外部形態來說，翅尖的基部稱為翼角。那是在把翅膀收起來的時候會往前方突出的，相當於手腕的部位。也有一些鳥類具有讓這個翼角被稱為翼爪的特殊器官。只不過翼爪雖然在字面上有爪字，但從發生學的角度來說，卻不是指頭的爪子。翼爪在叫鴨科（Anhimidae）身上是腕掌骨的一部分，在麝雉身上則是大拇指側的腕

2 譯註：東亞人常見的良性先天性胎記。通常在三到五歲之間消失，最晚在青春期也會消失。

麝雉。

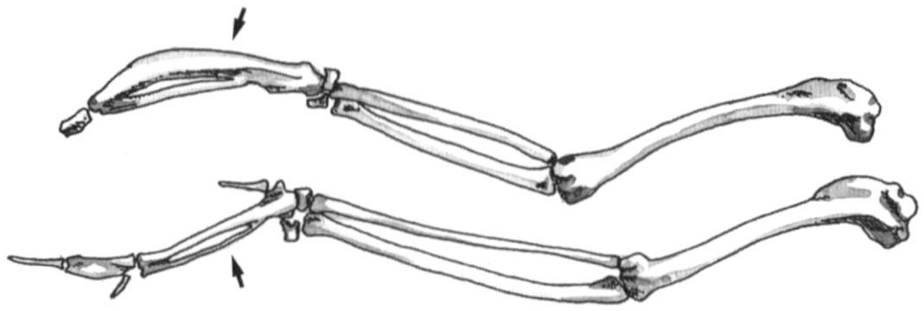

忍者鳥（上）及美洲白䴉的翼骨（下）。箭頭是腕掌骨。
參考N. R. Longrich & S. L. Olson: Proc. R. Soc. B., 278, 2333（2011）繪製而成。

骨。在日本，鴴科的跳鴴（*Vanellus cinereus*）也擁有翼爪，不過很遺憾，到目前為止還是不太清楚那究竟有何用處。只不過以距翅雁（*Plectropterus gambensis*）來說，已經知道那是雄性間彼此爭鬥時用的。雖然雌雄跳鴴都有翼爪，不過雄性的比較發達，所以有可能也是雄性間爭鬥時用的。

雖然不是指頭，不過若提到讓翅尖有了特殊演化，並想要對牠獻上最高級讚詞的物種，應該算是牙買加的忍者鳥（Xenicibis）。這種鳥，是以化石的形式被發現，是不會飛的䴉科鳥類。由於在夏威夷等地也有發現不會飛的䴉類，所以在這一點上並不值得驚訝。問題在於牠異常肥大化的翅膀前端。

一般鳥類，成為翅膀前端主結構的腕掌骨的棒狀骨頭雖然很堅固，卻並沒有特別粗。但是在忍者鳥的化石中，棒狀骨卻肥大到簡直就像是結實飽滿的四季豆一般。翅膀前端是支撐飛翔的部位，因為如此，在不會飛的鳥類身上，就算縮小了也不足為奇。話雖這麼說，在這種鳥身上卻變得巨大了。

在報告了這種特徵的論文中曾舉出這個構造是武器的可能性。牠們應該是以揮動手腕前端威嚇外敵，或是雄性在彼此鬥爭時使用。當然，只從骨骼形態來想像行為是很困難的，也沒有能夠用以確認這個推測的證據。搞不好牠們是以兩手互相敲擊大喊「小心火燭」[3]，或是在足球比賽中擔任守門員。只是很遺憾的，由於在現生鳥類中沒有任何物種有這種形狀的骨頭，所以它的功能仍舊是個謎。

能夠確定的，是這個翅膀前端具有和雞翅中同樣的質量。要是有這麼多肉的話，就一定不會獲得雞架子這類不名譽的稱呼了。經過鍛鍊的肌肉，一定能夠奉獻出超級的美味吧。沒有讓人品嘗的機會、就這樣滅絕了的忍者鳥，我為牠感到深深地遺憾。

我推測有不少讀者是佛教徒，不過大家應該知道聖誕節這個節日吧。在日本，消費最多雞肉的節日，就是白雪堆積在雞翅上的聖誕節。這天的餐桌上充滿了雞腿，天堂裡則是被沒有腳的雞隻給塞爆了。一般來說，只要是變成幽靈就會沒有腳[4]，所以這副光景應該

3 譯註：日本自古以來就會組成街坊巡邏隊，巡邏隊員會在夜間拿著兩根名為「拍子木」的長方柱形棒子互敲，邊說「小心火燭」（火の用心）來提醒大家小心。

4 譯註：在日本的傳說中，人們認為只要變成幽靈（鬼）就會沒有腳。所以在看一種人（動物）是不是鬼的時候，就會先往下看看對方有沒有腳。

也不至於太過奇怪才是。聖誕節之所以能夠很迅速地被日本人接受，理由也許就是在此。

在下一章，為了要對這件事進行驗證，就會著眼在腳上。

PART 2

腳和口一樣能夠敘事

不論桃子或楊梅，都和雞腿沒有關係[1]

喜歡很結實的

各位，你喜歡的是柔軟的胸部，還是有彈性的大腿呢？

今年應該是瑪麗蓮．夢露的電影《七年之癢》上映以來剛好滿六十四年[2]，是值得紀念的年份。不過縱然如此，也請不要誤會我要說的是低級無恥的話題。從那個由地下鐵通風口吹上來的旋風所引發的知名歷史畫面來思考事情時，會很在意美女的大腿，此事也是無可厚非。不過我在這裡要談的話題，是雞肉。想歪了的各位，請好好地檢討反省。

各位，你喜歡的是柔軟的雞胸肉，還是有彈力的雞腿（mo-mo）肉呢？

雞胸肉比雞腿肉要柔軟的理由之一，是因

為那是來自沒有怎麼被鍛鍊到的肌肉。由於胸肉是飛翔肌，被飼養在雞舍中的家雞很遺憾地便沒有鍛鍊的機會了，但實際上，野鳥的胸肉非常地結實、富有彈性。

與此相對，雞腿肉則是腳的肌肉。即使是飼養來食用的家雞，也不是整天坐禪度日的。由於會適時地站起來走路、支撐身體，所以腳部肌肉會進行日常的隆起運動，腿部肌肉在不知不覺之間就變得緊實，產生了彈性。此外，鳥類在睡覺時也並不是躺著，若非站立，大多時候就是摺疊著膝部休息，所以大腿的肌肉在夜間也會像里昂（Leon）[3]一樣保持著緊張狀態。

那麼，正如眾所周知的，人類的大腿指的是從髖關節到膝蓋為止、以大腿骨為支柱的部位。但是，鳥類就不只是這個部位而已，而是連膝蓋以下的脛部的肉都一起被稱為雞腿肉。正如前面所述，在本書中，總之，只會把限定於膝蓋以上的大腿部分稱為雞腿肉，還請大家多多包涵。

1 譯註：桃子的日文發音為Mo-mo，楊梅的日文為Su-mo-mo，大腿的日文是Fu-to-mo-mo。

2 譯註：電影在美國初次上映是一九五五年，文中的年數是作者撰文時的年數。

3 譯註：電影《終極追殺令》的男主角名字，也是電影的英文片名。由於男主角是個職業殺手，所以無時無刻都保持在緊張狀態。

再沒有比大臀肌還要讚的肌肉了

雞胸肉和雞腿肉，在雞肉專賣店之中，可說是有如東西兩方的橫綱[4]那般，是各占一方的霸主，不過卻很容易分辨。在用菜刀切的時候，斷面很整齊、整塊的是雞胸肉，會散成複數、多塊的則是雞腿肉。

雞胸肉是由胸肌這條單一肌肉所構成的極為單純的部位。它所扮演的角色，集中在讓翅膀往下拍的這件事上面，所以只要能夠完成一種運動，就沒有問題了。比起能幹與否，更重要的是從那裡產出的力量。也因為如此，就成為一整塊的大型肌肉。

與此相較之下，被稱為雞腿肉的部位並不是單一的肌肉。在大腿部位附著十條以上的肌肉，其中包含了股四頭肌、縫匠肌、股二頭肌、半腱肌、半膜肌、閉孔內肌、梨狀肌、棲肌等名字有點難的肌肉。附帶要說的是，人類把股二頭肌、半腱肌、半膜肌合稱為腿筋（hamstring，膕繩肌腱），而ham（火腿）原本是用來指稱豬腿肉所用的詞彙。食品的火腿，本來也只是用來指豬腿肉做成的食物而已。這是順帶說明的小知識。

在這裡，雖然沒有必要背下這些瑣碎的肌肉名稱，不過還是想要請大家在腦中的小角落裡記住，雞腿肉是肌肉的集合體。此外，雞腿肉中最大的肌肉，是大臀肌。這個呢，是

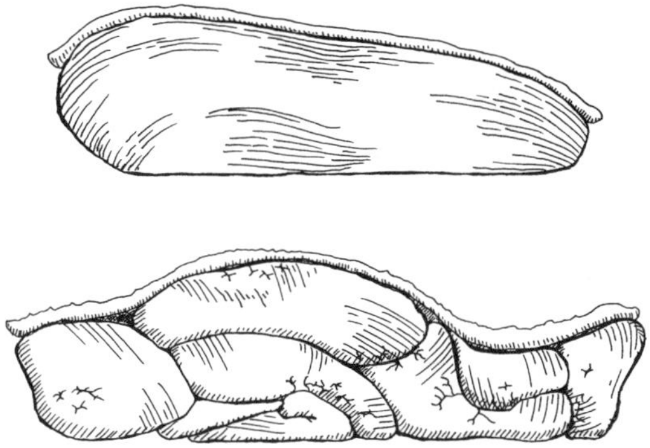

胸肉（上）是一整塊的肌肉；腿肉（下）是複數的肌肉。從橫切面就能夠清楚分辨。

我們屁股的肉，也是占了甜心戰士[5]和尼克珍大王[6]魅力所在之處大約八成的部位。

擁有各式各樣的肌肉這件事，就表示控制著那麼複雜的運動。大腿是控制多方向運動的部位。讓髖關節彎曲的肌肉、伸展的肌肉、讓腳往外側旋轉的肌肉、往內側旋轉的肌肉、彎曲膝關節的肌肉、將其伸展的肌肉等等，有各種不同任務的肌肉集結在一起。

正如肌肉的多樣性所展現出來的，大腿的活動自由度很高，能夠朝各個不同的方向開展動作。支撐這種自由度的構造，從大腿骨的形態上就可見一斑。

4 譯註：在相撲力士中的最高等級。

5 譯註：甜心戰士的原文為「キューティーハニー」（Cutie Honey），是永井豪的漫畫原著主角，也有改拍成動畫。

6 譯註：尼克珍大王的原文為「ニコチャン」（Niko-Chan）大王，是在日本漫畫及卡通《怪博士與機器娃娃》中登場的人物，反覆攻擊行星的外星人，尼克珍星的國王。尼克珍大王的屁股長在腦袋上。

位於雞腿肉中心的粗壯骨頭是大腿骨。在觀看這根骨頭和身體相連的部分、也就是髖關節的部位時，會看到前端有著往橫向的球狀突起。這就是稱為大腿骨的部分。

大腿骨頭嵌進腰骨側面的凹洞，成為髖關節的可動部位。由於是球狀，所以能夠輕易地朝全方位活動。即使是模型玩具，為了要確保能夠自由活動，關節也是使用球狀的零件。要是認為我騙人的話，就請握緊過年的壓歲錢，去買鋼鐵吉克[7]的超合金機器人，好好確認一下。

大腿骨的球狀構造不是只有鳥類採用而已。在包含人類在內的哺乳類、包含恐龍在內的爬蟲類等等之中，都能夠找到和鳥類髖關節很相似的構造。只要試著和河口鱷（*Crocodylus porosus*）一起拍攝髖關節X光片的話，應該就能夠看得出來了。只不過河口鱷是最大可達十公尺長、現存最巨大的爬蟲類，對牠們來說，人類只不過是像蝦味先般的零嘴而已，若是想要這樣做，務必要抱著相當的覺悟。

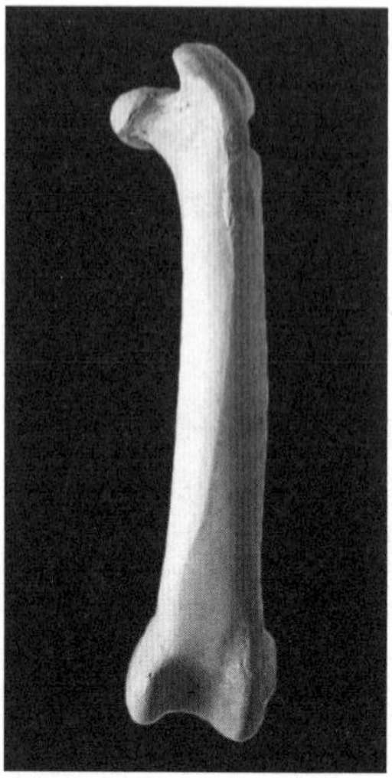

家雞的大腿骨。上面是髖關節，下面是膝蓋。

接下來看看大腿骨膝蓋側的關節面，就可以看到它變得很像滑輪一般。

這個構造是很適合朝單一方向進行運動的構造。鳥類很少扭動膝蓋改變腳的方向。只要看看鳥類大腿骨的兩端，就能夠實際體會到關節的構造之妙了。

於是，我也為了能夠好好享受大腿骨的兩端而去買了雞腿肉。只不過，很遺憾的，大腿骨已經被切斷，沒有把兩端留下來。由於這個部位深深地插入了腰部的骨頭之間，所以在販賣精肉的時候很常直接被切斷。此外，平常所販賣的雞肉大多是中雞，而中雞的骨端構造尚未充分長好，所以很難確認到形態的奧妙，真是討厭。

要是想確實檢驗這個部分的話，我的推薦是最好先買一隻小雞，好好地把牠養到長大成熟，再虔敬地讓牠上餐桌。在餐桌的背後，經常圍繞著倫理道德的主題。食材的另一面向是個體的死亡，這件事也是我們應該要抱著誠意好好體驗的事情之一。

大腿是沒有用的

在忙碌的日常生活之中，希望大家能夠偶爾把眼光望向庭院，好好看一下飛來的麻雀

7 譯註：原文為「鋼鉄ジーグ」（Ko-Tetsu Ji-gu），是日本的機器人動畫，原作為永井豪、安田達矢、Dynamic企劃。男主角在出意外受重傷後，他的父親把他改造成機器人。

的腳。但要是會有野生鴕鳥造訪你家庭院的話，看看鴕鳥當然也是無所謂的。你一定會很疑惑地看著牠們膝蓋彎曲的方式，心想怎麼那麼奇怪。的確，在腳的正中央附近有著關節，而且並不是往後方彎曲，而是往前方彎曲。看到那副模樣時，一定會很想編個新的童話故事，說那是對於給自己漿糊的老婦人施行復仇而招致了詛咒[8]的結果，才會讓膝蓋往相反的方向彎曲。不過實際上，並沒有被那樣詛咒，鳥類的膝蓋也一樣不會往前方彎曲。

　和火星人的習俗不同，地球人由於在聖誕節會吃火雞腿或雞腿，對鳥的腳部形狀應該看得很習慣了。在看著食用雞的腿時，會發現鳥的膝蓋關節確實和人類朝相同的方向彎曲。沒錯，在鳥腳的中心朝相反方向彎曲的關節，並不是膝蓋，而是腳踝。那麼，鳥的膝蓋究竟位於何處呢？

彎曲的關節並不是膝蓋，而是腳踝。

　不論是鳥類或人類，在以兩腳步行的這件事情上面是同類。認為相異處只不過在於是否能夠蹦跳（skip）而已的人應該也很多才對，但是，兩者的腳部結構卻大為不同。相對於人類的腳是位在身體正下方，鳥類的腳卻是從身體的兩側長出去。所以，鳥類的大腿是以跟身體相接的形式往斜前方伸出，在身體的輪廓裡就結束了大腿的部分。也因如此，膝蓋跟身體非常接近，通常會被羽毛遮住，從外面是看不見的。

請在鏡子前面看看自己腿的平衡。從膝蓋以上以及從膝蓋以下，兩者的長度大概差不多吧。換句話說，大腿大約占了腿部長度的一半。我們之所以能夠抱著雙腳坐在地上，就是託了這種平衡之福。

接下來，看看鳥類吧。正如前面所說，在鳥類腳部正中央很醒目的關節，是腳踝。這表示，牠們總是踮著腳尖站。從腳踝往前的骨頭稱為跗蹠骨。以人類來說，就是腳背的骨頭。然後，腳踝到膝蓋是脛跗骨，

8 譯註：出自日本童話《剪舌麻雀》。故事中的老婆婆由於麻雀舔了她煮來準備漿衣服用的漿糊，於是很生氣地抓住麻雀，把牠的舌頭剪掉，後來麻雀就對她復仇。

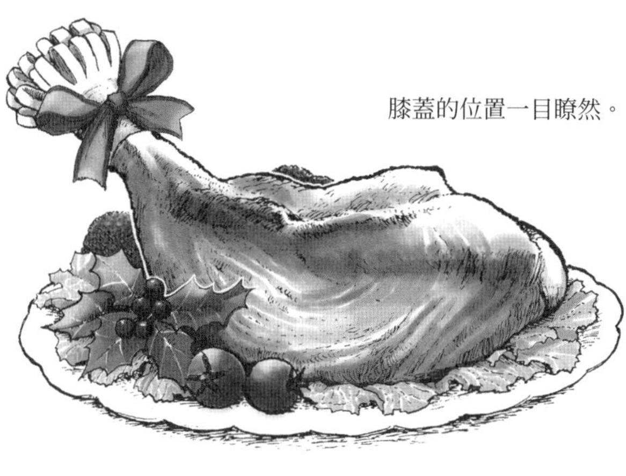

膝蓋的位置一目瞭然。

膝蓋以上才是大腿骨。鳥類的腳部長度，是由這三塊骨頭的長度來決定的。

於是，我就測量了鳥的大腿骨、脛跗骨、跗蹠骨的長度。以鶴、鷺鷥、高蹺鴴（*Himantopus himantopus*）當成長腳鳥類的代表，而家雞作為比較的對象。結果，在整隻腳的長度中大腿所占的比例，鶴和鷺鷥大約為百分之二十、高蹺鴴為百分之十、家雞則為百分之三十。

這裡只是很單純地以三根骨頭的長度合計，作為腳的總長度。但是，實際上鳥的大腿部並不是在身體正下方，而是往斜前方伸出去。因為如此，大腿對於腳長的貢獻度應該更低才對。

此外，外表看來被當成腳的部分，是從身體下方伸出來的、膝蓋以下的部位。以此意義來說，在看得到的腳部長度方面，大腿的貢獻比例相較之下可說是零。和腳的長度有一半是由大腿構成的人類不同，鳥類是藉由膝蓋以下來增加腳部長度的。

雖然鳥類要是腳很長的話，在地上行走或在水邊覓食就會比較有利，但是位於身體側面的大腿則對此毫無貢獻。也因如此，大腿的長度就容易和身體的尺寸成比例，只有膝蓋下方的長度會根據鳥類的行為或生活的場所而有很大的變異。

來飛翔吧

把單隻腳份量的雞腿分成大腿和小腿分別秤重，前者為一百四十七克、後者為七十六克。由於從腳踝往前的部分幾乎沒有肌肉，所以可說腳部整體重量大約三分之二都集中在大腿。其實人類也是一樣，大腿構成了腳部三分之二的重量。但是由於鳥類大腿相對的短，所以這個部位的粗壯就顯得相當醒目。

鳥類的腳是在基部（大腿根部）很重，重量往腳尖方向急遽減輕。於是，就產生了兩極化，大腿是圓滾滾小姐，膝蓋以下則是模特兒體型。

這個重量的平衡方式並不是考量到是否讓人容易食用，更不是為了要強調膝蓋以下的纖細，一般認為應該是源自於飛翔行為。鳥類，由於利用腳部作為其身體的支撐器官、同時也是移動器官，所以必須具有相應的肌肉，但卻也要將重量對飛翔的影響限制在最小程度，於是，就演化出影響最小的體重分配。那就是把重量配置於身體的中心部位，亦即把質量集中化。

即使重量相等，比起把重量分散到身體的邊緣部位，把重量集中在中心會更容易靈活活動。機動性高的機車就是把笨重的引擎放在中心，再把油箱等零件的重量進行整體配置。因為如此，就能夠獲得輕快靈巧的機動性。在這裡，我是很想要以布爾（BUELL）摩托車的LIGHTNING那類車款來嘗試，可是時機卻太遲了，這家摩托車廠牌已經從業界消失無蹤，我實在是萬分遺憾。

而另一方面，不論如何努力地讓重量集中，腳部的重量仍舊確實會削減飛翔能力。要是只吃家雞的肉，就會誤以為鳥類的大腿都長了很多肉。但是，家雞是比起在空中飛翔更擅長在地上步行的鳥類。因為如此，家雞在鳥類之中，一定是屬於具有大型腳的物種沒錯。

家雞的腳占了牠們體重大約百分之十五的比例。相比之下，麻雀和雁鴨、鴿子等普通鳥類的占比為百分之五到十、能適應空中和水中的海鷗和翠鳥等在百分之五以下、以自在的飛翔能力為傲的蜂鳥則低於百分之二。超過百分之十五的，是主要在地面上活動的秧雞或雉雞，以及需要用腳抓捕獵物的鷹類或鴞類。家雞的腳部重量比例並沒有比野鳥大上許多，這件事可能會讓你感到意外。不過這不只是腳而已，而是其他部位也選擇肉多的個體來培育所造成的結果。

人類的腳大約占整體重量的百分之三十五。雖然鳥類的大腿確實很有份量，不過鳥腳本身卻是經過了超群的輕量化。腳是作為鳥類於地面活動的工具，在這一點上，會讓人覺得腳和飛翔是最沒有關聯的。但是，這個部分，也正是為了支撐「飛翔」這種鳥類的最大特徵、上面刻劃了一億五千萬年演化痕跡的正統器官。

※

那麼，談過大腿肉以後，接下來若不講小腿肉，就不公平吧。

以小腿肉為題，用祇園祭來解。

其心為，兩者皆會出現許多的Da-Shi[9]。

容我告退[10]。

9 譯註：原文為「ダシ」(Da-Shi)，是在玩同音字。雞小腿的肉煮過以後會有高湯，而每年七月在京都的祇園祭有許多「山車」(山跟鉾)，高湯和山車的日文發音都是Da-Shi。

10 譯註：此三句原文為「スネ肉と掛けて、祇園祭と解く。その心は、どちらもダシがたくさん出ます。お後がよろしいようで。」在日本的落語中，經常有種趣味解謎，意在考驗觀眾的聯想力。這種解謎的形式會是「○○和╳╳有一個共通點，那個共通點是△△」，寫法則是「以○○為題，用╳╳來解。其心為△△」。落語家經常在現場以此問答，有時在廣播或電視時還會當成謎題接受閱聽人call in或寄明信片回應、抽獎呢。

美味腳脛的啃法[1]

無人不知其弱點的武藏坊弁慶[2]。

肌肉已經不再必要

以剛強有名的武藏坊弁慶、英雄敘事詩《伊里亞德》的主角阿基里斯、就連大蛇都很害怕的蛞蝓[3]，這三者的共通點是在於具有強大力量的同時，弱點卻也無人不知、無人不曉。強者愈強，被敵人研究得極為透徹的弱點愈會變得眾所周知，此乃世間常理。不論是鋼鐵人或凱．艾爾[4]都是為此所苦，他們的弱點也是他們能力一流的證明。

但是另一方面，會顯露弱點的也並不僅限於一流的人。讓弁慶流淚的部分有阿基里斯腱，人在疲倦的時候小腿肚也會抽筋。我可以直言不諱地說，脛部有八成是由弱點所構成，

1 譯註：此處典故來自「すねをかじる」，也就是日本俗語「啃脛骨」，主要是指依靠父母過日子的人，也就是現在所說的「啃老族」。

2 譯註：此處典故來自「弁慶の泣き所」，直譯為「讓弁慶流淚的部分」，意即強者的致命弱點或唯一弱點。因為即使是武藝高強的弁慶，被踢到腳脛時也會痛得要命。英文方面有類似含意的則是「阿基里斯的腳踝」。

3 譯註：在日文中有個「三竦」，指的是三者互相牽制的僵局。而遊戲中有種「蟲拳」，只是把平時玩猜拳的剪刀石頭布，取代為「蛇、青蛙、蛞蝓」。蛇會吃青蛙、青蛙會吃蛞蝓，而蛞蝓身上的黏液可以讓蛇溶解（這部分只是古人這樣相信而已，實際上並不會）。

4 譯註：原文為「Kal-El」，是超人克拉克．肯特在克利普頓星的本名。

而我們幾乎不會聽到稱讚它的話。這對支撐我們體重的脛部來說，實在是很過分。為了要幫它把壞名聲洗刷掉，就得負起責任，好好想一想鳥類脛部的魅力。

雖然這樣說有點重複了，不過在大街小巷中看得到的雞腿，是把大腿和小腿整個連在一起當作一隻雞腿來販賣的。在這裡，也會覺得脛部這個部位有被蔑視的感覺，但這也沒有錯得太多。確實，就連膝蓋以下的部分也稱為腿是很奇怪的。但是，相對於大腿，脛部被稱為小腿。從這個角度來想的話，脛部也是廣義的腿肉了。

支撐鳥類脛部的骨頭，是脛跗骨。這塊骨頭，在人類身上是分成脛骨和跗骨，但在鳥類身上則是癒合為一根骨頭。在鳥類的發育過程中，經常會有複數的骨頭癒合成一整塊。而骨頭的數目只要減少一塊，關節也會少一個。沒有關節的話，也就能夠省略用來活動該處的必要肌腱和肌肉，於是體重便可以更輕。以在空中飛翔為生的鳥類來說，輕量化是必須的主張。

關節減少，同時意味著可活動性也降低。但是，鳥類是以飛翔為優先要素演化而成的生物，並沒有必要讓腳做一些太複雜的運動。此外，由於排除了關節、癒合成一根骨頭，便也能獲得強健的構造。一方面，要除去複雜的運動，另一方面，要足夠堅固到可以在地上或樹上支撐身體，此事也是有其必要。脛跗骨，就是以癒合的方式而同時變得更輕也更堅固的。

雖然按照鳥類物種不同，多少會有些變異，不過脛部往往是上半部有肌肉，下半部則只剩骨頭和皮。假如你的腦袋在此時聯想到欺負大雄那位有錢紈褲子弟的名字[5]，也是無可厚非。在觀看鳥類的腳時，從脛部的下半部經由腳後跟到腳趾為止，應該會看到這些部分幾乎都沒有肌肉吧。就算沒有長肌肉，牠們的腳仍舊能夠很靈巧地活動。真是非常不可思議啊。

附著在手和腳上的肌肉稱為骨骼肌，基本上，肌肉的兩端是橫跨過關節、附著在骨頭上。順著這個構造讓肌肉伸縮，關節就能夠屈伸。當然，脛部的肌肉也是一樣。這塊肌肉的末端從脛部的後半開始會成為肌腱，這條肌腱再經過腳踝的關節到達腳趾。長在脛部的肌肉，藉由非常長的肌腱，主宰了腳後跟和腳趾的動作。雖然從外觀只會看到骨頭和皮，不過在那個空隙之間是隱藏了肌腱的。

要是大家有機會拿到連腳趾都有的整隻生雞腳，希望你們一定要分解脛部的肌肉。只要拉扯連接著各條不同肌肉的肌腱，應該就能夠看到腳趾配合拉扯的動作屈伸，像在操縱

5 譯註：知名日本漫畫跟卡通動畫《哆啦A夢》中的小夫。他的日文名字為「骨川スネ夫」（Honekawa Suneo），而脛部的日文發音也同樣唸成Su-ne。

繩偶一樣。於是，就能夠實際體會即使在腳尖沒有肌肉附著、也能夠充分控制腳趾的巧妙機制了。

話說回來，對人類以外的哺乳類或鳥類來說，讓弁慶流淚之處，是否也同為牠們的弱點呢？關於這點，我在文獻中找了許久，還是沒有找到。我認為要是好好研究的話，獲得搞笑諾貝爾獎的機會應該很大，所以假如有年輕人還沒有決定畢業論文題目，請一定要挑戰看看。

退化的快轉

在吃雞的脛部肉（雞腳）時，應該會看到作為主要骨頭的脛跗骨旁邊緊黏著根像細牙籤般的骨頭吧。不曾體驗過此事的人，下次請仔細看一下。應該也有覺得這邊很礙事、很不好啃，因而向肯德基抱怨的超級奧客吧。但這並不是店家的責任。這個部位，是稱為腓骨的帥氣骨頭。

腓骨附著在脛跗骨的外側，並朝下方逐漸變細。和脛跗骨相較之下，是種存在感很稀薄的骨頭。想到它的存在感有多麼微弱時，會覺得什麼嘛，根本就沒有用啊。在鰹鳥或鷹

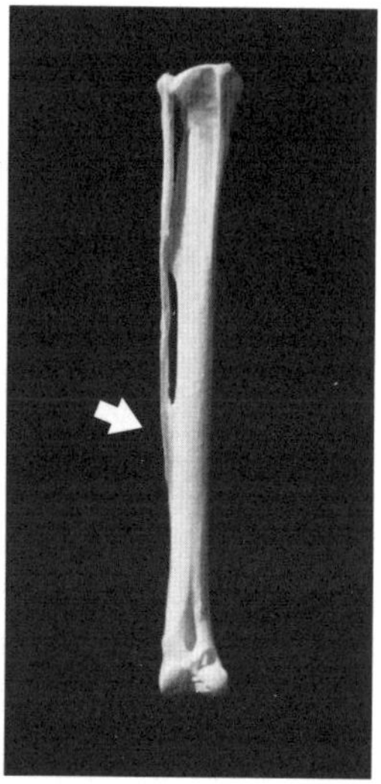

北雀鷹（*Accipiter nisus*）的脛跗骨（右）和腓骨（左）。兩者在下部癒合（白色箭頭處）。

類等鳥類之中，也有腓骨和脛跗骨癒合成一體的物種。由於腓骨是位於腰部的腸骨或位於腳尖的蹠骨的肌肉所附著的部位，雖然並非毫無用處，但卻可能不具有以獨立部位來看待的價值。

人類的腳上也有腓骨。從膝蓋到腳後跟之間的兩根長骨中，位於身體外側、比較細的那根就是腓骨。以兩根骨頭支撐一個部位的構造，在手肘到手腕也看得見。這構造雖然有利於扭轉關節方面的運動，不過不論是人類或鳥類，小腿部位幾乎都無法做扭轉方向的運動。果然，腓骨在這裡也對運動並沒有什麼貢獻。

但是，在人類身上，卻開發出利用腓骨的別種方法。那就是作為骨頭移植的原料。在骨頭的某部分有缺損時，有時會移植其他部位的骨頭。那個取骨的候補處之一就是腓骨，對妖鳥死麗濡來說是槐夢[6]般的存在。當然，假如做了移植，腓骨就會有所缺損。但即使腓骨不夠，日常活動好像也沒什麼特別問題。雖然腓骨應該也具有支撐體重的功能，但卻不是沒了它就會造成不便的骨頭。

在把哺乳類整個看過一遍後，會發現馬、兔子、老鼠等等的腓骨已經和脛骨癒合而化為一體了。再看到牛和鹿，就會發現這根骨頭只剩下痕跡而已。腓骨不論是對鳥類或人類，還有部分的哺乳類，都可說是總有一天會消失的黃昏器官。骨骼就是一整團的磷酸鈣。為了要製造骨骼，需要相當多的能量。要是這種消耗的成本並沒有換來等值的作用，應該就會逐漸退化吧。

退化，是也可以稱為退化性演化的演化型態之一。由於這個名稱會造成負面感，讓研究者們對使用「退化」這個詞彙有點敬而遠之的傾向，所以改成「消失」應該也可以吧。雖然很多人可能會認為，殘存至今的野生生物顯示出了牠們最佳的演化結果，不過演化到該它到達的地點為止之間，存在著中途階段，這是理所當然的。小巧鳥類的腓骨，正可說是位於其演化的中途。既然位於中途，就像是處於賽魯[7]的第二形態，尚非最終形態。但是總有一天，腓骨應該會從鳥類的腳上消失無蹤，成為完整的整體吧。好好忍耐上一千萬年的話，雞腿也會變得很容易吃，客訴也會減少，這件事，我現在就在此先行預言。

既不是披薩、也不是手肘[8]

人造人004身上是有飛彈的[9]。Jumping Knee Pad則是巨無霸鶴田[10]擅長的技巧，膝蓋洋溢著戰鬥的香氣。在鳥類之中，也具有膝蓋簡直就是武器般的物種。

一般的鳥，是在脛跗骨的上端和大腿骨形成關節，腳部的骨骼以膝關節為中心成＜字型。前進方向是右邊的話，則是＞字型。但是，在看黑喉潛鳥（*Gavia arctica*）及小鸊鷉（*Tachybaptus ruficollis*）的腳部骨骼時，脛跗骨的上端部位是越過膝關節繼續往上延伸，變成簡直就像膝蓋上長了刺那般的構造。要是用這種腳去打泰拳的話，對戰的對手應該會全數

6 譯註：在妖鳥死麗濡受重傷時，她的老友槐夢（カイム）出現，提供自己的身體和能力給死麗濡使用，並和死麗濡合體以便繼續戰鬥。又做鎧因。

7 譯註：賽魯（セル）是日本漫畫與動畫《七龍珠Z》中的反派角色，名字源於細胞的英文cell。他是由電腦造出的完美人造人，身體細胞集合了孫悟空、達爾、比克等人的細胞，也因此擁有他們的特性，可以使出他們的招式。

8 譯註：披薩的日文發音是英文的外來語，跟膝蓋「ひざ」(Hi-za）的發音很像。

9 編註：石森章太郎的知名漫畫作品《人造人009》中，主角島村喬有八名人造人，編號為001至008。人造人004的特徵是腿部內藏飛彈。

10 譯註：巨無霸鶴田（一九五一年三月二十五日——二〇〇〇年五月十三日）是日本摔跤選手、運動科學研究者。他是三冠重量級寶座的首代王者，也是日本首位AWA世界重量級王者。

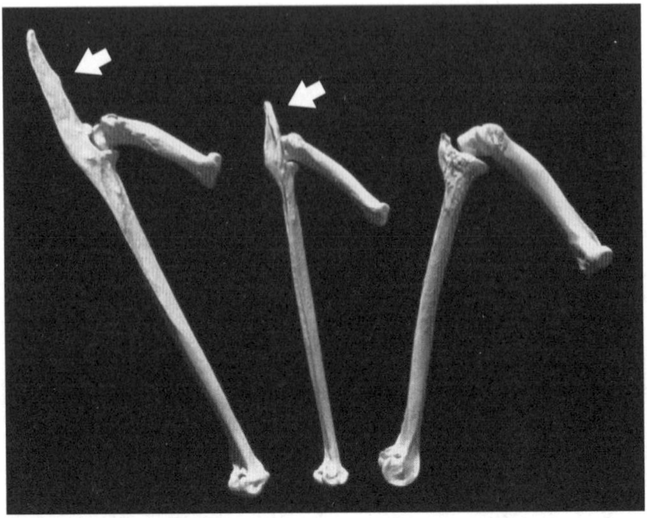

由左起分別是太平洋潛鳥（*Gavia pacifica*）、冠鸊鷉（*Podiceps cristatus*）、鸕鷀（*Phalacrocorax carbo*）的大腿骨和脛跗骨。請注意膝蓋的突起（箭頭）。

送醫吧。這個突起，就是膝蓋骨。

人類的膝蓋上也有膝蓋骨，主要擔任的角色是保護關節前方及髕骨的活動空間。雖然鳥類的膝蓋骨一般而言是獨立的骨頭，不過以黑喉潛鳥及小鸊鷉來說，則是和脛跗骨癒合成一塊。而其結果就是成為劍狀突起，存在於膝關節上。只不過很遺憾的，這個突起只屬於骨骼，並不是從外觀上就看得到的武器。這個突起，被埋在厚實的肌肉之中。

黑喉潛鳥[11]是個怪名字，應該也有人在聽了這種鳥的名字之後，會揶揄說那一定是種非常圓胖、看起來很好吃，被妥善地包裝在歲末送禮的木盒中的鳥類吧。確實會讓人如此聯想呢。我在初次聽到這種鳥的名字時，也呵呵大笑了很久。不過這名字是源自於「吃魚」，可說是極為直接地呈現出這種鳥類的行為。此外，小鸊鷉也還有個「八丁潛」的異名。這兩種鳥，都是擅長在水中潛水追魚的鳥類。

潛水的條件大致可以分成三種。動力、翅膀、腳。翠鳥是從空中以猛烈的速度往水中突刺。企鵝是以翅膀獲得推進力去拍翅並潛水。然後，黑喉潛鳥和小鸊鷉則是以腳部為引擎去拍打腳部來潛水。

為了要對抗強大的阻力，在水中前進，必須獲得大幅度的推進力。製造出這種推進力的，就是長在腳上的肌肉。因為如此，拍打腳部潛水型的鳥類從大腿到小腿部位上都長著大塊的肌肉。膝蓋的突起在此時就變得很活躍了。膝蓋上的長長突起，意味著能夠讓許多肌肉附著於上。用這個部位接收來自大腿的大塊肌肉所發出的力量，便能夠讓腳強而有力地活動。這和雞架子的篇章後面所敘述的龍骨突有相似的機能。此外，一般認為以關節為支點的突起也成為天平的一側，以槓桿原理為基礎而很有效率地產生控制小腿的推進力。

海鳥中的鸌也是，在短尾鸌（*Ardenna tenuirostris*）及奧氏鸌（*Puffinus lherminieri*）等擅長潛

11 譯註：原文為「オオハム」（O-O-Ha-Mu），直譯就是「大火腿」之意。

水的物種身上，同樣的構造在脛跗骨上很發達。從白堊紀的地層發掘出來的黃昏鳥（*Hesperornis*）這種古鳥類也是，膝蓋骨在膝蓋上面成為突起狀，所以被認為應該是會潛水的鳥類。但是，這個構造並非絕對條件。例如鸕鷀和丹氏鸕鷀（*Phalacrocorax capillatus*），牠們的膝蓋雖然並沒有這樣的突起構造，卻仍舊以拍打腳部的方式來潛水。而另一方面，沒有哪種鳥類是具有這種構造卻不潛水的。所以，雖然這並非必要條件，卻也仍是充要條件。

不論大小中都有可能

小腿和大腿不同，是對腳的長度有所貢獻的部位，這一點，已經在前面的篇章敘述過了。這回也是以相較於腳部長度的各部位比例，在幾種鳥類中做了計算。腳的長度，在此是以大腿骨、脛跗骨、跗蹠骨的合計長度來思考。為了不要對特定類群有所偏頗，便以鴕鳥、鴨子、家雞、鷺鷥、鷹、鶴、鷸、鴿、貓頭鷹、赤翡翠（*Halcyon coromanda*）、啄木鳥、棕耳鵯（*Hypsipetes amaurotis*）、烏鴉等十三種鳥類作為測量的對象。

從結果得知，大腿骨占了腳整體長度的百分之十一至三十三、脛跗骨占了百分之四十一至四十八、跗蹠骨占了百分之二十一至四十三。在這裡面也包含了腳長到很不平衡的高蹺鴴，以及腳超級短的赤翡翠。託此之福，牠們的大腿骨長度差異最大的有三倍，跗蹠骨則有兩倍之差。但縱然如此，我們也知道了牠們的脛跗骨比例仍舊全部都超過腳長的百分之四十，非常固定。就讓我將此稱為百分之四十五的法則吧。附帶一提，由於突起部位很礙事，所以我把黑喉潛鳥和小鸊鷉、鸌排除在計算之外，但是只要排除突起部位之後，還是會得到類似的結果。

鳥類的腳會在膝蓋和腳後跟彎曲兩次，成為Z型。位於中央的脛跗骨，其長度以稍低於百分之五十的比例保持了穩定。這就表示另外兩根骨頭合計之後，大略是保持在稍高於百分之五十的比例。只要保持這種平衡，不論是哪種鳥，不管是把腳伸長或彎曲，腳的基部（大腿根部）大概都能夠位於其接地位置的正上方。因為如此，不論身體的姿態是什麼樣子，都可以很容易地把重心維持在腳的上方，保持穩定的姿勢。

總是以二足步行，在現生脊椎動物中，這是只有人類和鳥類做得到的特異運動。用來維持這種並不穩定的動作的祕密，其實就隱藏在看來充滿弱點的小腿部位裡頭。

※

講到這裡，就往下講到了腳後跟。下個段落就順著這個走向，著眼於從腳跟往前的部位，亦即在日文中通稱為楓葉的部位。講究風雅的人士，請在落葉飛舞飄散的秋天閱讀楓葉的篇章。想要在春天閱讀此章的讀者，我建議您可以到季節正好相反的南半球去。在南半球中唯一有楓類分布的印尼，應該滿適合的吧。

雖非大紅，卻也是楓

日本三大食用楓

日本大阪箕面市的特產是用楓葉炸成的天婦羅。但是請大家不要問類似「這種天婦羅幾乎只有外面那層皮而已吧」那種不解風情的問題。雖說大阪在麵粉製品[1]中具有執牛耳的地位，但是再怎麼說，主角都還是葉片本身。而且，這種特產的緣起是來自於遙遠的飛鳥時代，修驗道的開山祖師役小角因為折服於楓紅之美而將它炸來吃，這樣的軼事。雖然由於感覺很美就想把它吃下肚的這種行為也是讓人覺得有點那個，不過，它的味道，卻蕩漾著一千三百年的歷史香氣啊。

1 譯註：例如章魚燒、大阪燒等都是知名大阪小吃，原料也都是麵粉。

這個就是楓。箭頭是跗蹠。

雖然楓葉並不是有毒的東西，不過當成食品對待卻很稀奇。除了箕面市民以外，喜愛這一味的，大概只有介殼蟲和小蠹蟲而已。託此之福，在說到茶點的時候只要說了楓，就一定是指楓葉饅頭。但假如是在廚房說了楓這個字的話，就不是指樹葉、也不是指饅頭，而是指從雞的腳跟往前的部位。

確實，雞的腳，細長的腳趾打得非常開，形狀跟又名雞爪槭的日本楓別無二致。我自己打著要賞楓紅的算盤卻誤入養雞場、在回家前先喝上一碗雞湯的經驗可不是只有一兩次而已。楓的這個別名也讓人心服口服。在中餐廳有吃過用醬油滷或鹽水燙了之後端出來、稱為鳳爪的朋友應該也不少吧。這個部位幾乎沒有肉，只有包在骨頭周圍的少數肌腱和皮是可以吃的。

此外，「趾」是指腳趾，手指頭則寫成「指」。只不過由於「趾」在日文中並非常用漢字，所以有時提到腳也會寫成「指」。在這裡，就容我充內行地把兩者分開使用。附帶一提，英文的chicken finger指的是雞柳，在美國的中國餐館點楓（雞腳）時請千萬注意。

被滷得甜甜鹹鹹的雞腳，是大分縣日田市知名的鄉土料理。連腳尖都吃，此舉一定會讓某些讀者稍稍心生偏見，認為那裡必然是個窮鄉僻壤吧。確實，雞腳並沒有可以大口咬來吃的肉，也跟植物的楓一樣，不太會被放到餐桌上。當它在市場上以每公斤兩百日圓這種讓人很能接受的價格出售，我在這裡也接收到了那些以每公斤六十四萬日圓自豪的 iPhone XS 使用者傳來的同情視線。

不過，雞腳卻是Q彈的膠原蛋白的集合。它非但不是窮人吃的食物，反而非常適合美容，也很推薦用來保養肌膚。去九州旅行時請一定要造訪日田，品嘗看看。話說回來，我自己沒去過日田，要是不合胃口的話，也是您個人的責任。

把兔子麻雀化的計畫

我認為穿著高跟鞋、發出喀喀喀的聲音走在商辦區街道的美女非常棒。雖然我一直對自己為何會這樣想感到很不可思議，但卻在雞腳上獲得了答案。她們和鳥類很像。

從腳跟往前方的腳部構造，在人類和鳥類身上是完全不同。一般來說，人類是用腳後跟接觸地面行走的蹠行動物，而鳥類是腳後跟不著地、以腳趾步行的趾行動物。由於這也是區分人類和鳥類的識別點，所以要是無法分辨時就請看這裡吧。但是穿著高跟鞋的時候，就會變成踮腳走路了，與其說是蹠行，反而更接近趾行。沒錯，在這一點上，高跟鞋美女就跟鳥類沒兩樣。由於我再怎麼緊盯著看也純粹只是從鳥類學者的觀點來觀察，所以請絕對不要通報（相關單位）。

以人類來說，從腳後跟到腳趾基部為止算是腳底，腳底是由跗骨及蹠骨等許多的小塊骨頭所構成。由於增加了接地面積、分散體重，便能夠保持住原本以不穩的二足步行時的穩定性。在哥吉拉身上也是同樣的構造。而另一方面，鳥類在這個相當於腳底的部分則是癒合成跗蹠骨的一根骨頭。這個部位並沒有和地面相接，於是就沒有增加表面積的必要，不如說是透過癒合形成了既輕又堅固的骨頭來支撐身體。

鳥類從腳後跟到腳趾基部為止的部分稱為跗蹠，而那部分的骨頭就稱為跗蹠骨。正如前面所敘述的，這個部位幾乎沒有長肉，所以它的運動並非由肌肉，而是由肌腱所支配。這個肌腱並不單單只是輕量化而已，在鳥類的移動方面也扮演著不可或缺的角色。

鳥類的走路方式主要是由跳躍（hopping）和步行（walking）兩類所組成。前者是兩腳併攏的移動方式，後者則是兩腳交互往前伸。舉例來說，麻雀是以跳躍為主，鴿子是以步行為多，此外，也有像烏鴉那樣兩種都很擅長的鳥類。步行是人類也很熟悉的運動，但另一方面，跳躍則是除了被昭和年代的棒球社團作為儀式、在往樓梯遙遠上方的神社前進時才會採用的作法以外，很少人會用到的移動方式。

但是，對鳥類來說，跳躍既不是求神、也不是鍛鍊，而是平常的移動手段。明明就是鳥類，但卻能夠做兔子跳，是由於牠們具有相當長的跗蹠。因為這個部位收納著具備彈簧般機能的長長肌腱，讓牠們能夠很有效率地跳躍。要是肌腱短的話，彈簧的功效也就會變低。

但是話說回來，兔子是以四足步行，在農曆十五的晚上看著月亮大人跳躍時[2]也是把前腳貼在地上跳躍。相較之下，棒

2 譯註：原文「十五夜お月様見て跳ねる」是日本童謠〈兔子〉中的一句，一八九二年首次被用在小學教材中。

這是麻雀跳躍。

球社社員要是把前腳（手）撐到地上的話就會被學長責罵，所以只用後腳跳躍。換句話說，他們做的並不是兔子跳，而是跟鳥類相同的跳躍。把手背在後腰間的姿勢，也跟鳥類摺疊翅膀收在背部的姿態很像，讓他們看來更是跟鳥沒兩樣。有沒有誰可以跟高中棒球聯盟提案，請他們今後把「兔子跳」改名成「麻雀跳」啊。

藍調女牛仔[3]

從前古人認為鳥腳之所以會長成楓葉的形狀，可能是因為害怕狐狸襲擊，才對植物做了擬態。不過仔細想一想，就會知道應該不是那樣。由於鳥類是趾行動物，為了要提升二足步行時的穩定度，把腳趾伸長、增加接觸地面的面積才是上策。一般認為，這才是鳥腳像楓葉那般展開的理由。在星際大戰中的二足步行機器人**AT-PT**以同樣的型態來維持穩定度，也成為這件事的旁證。

在觀看家雞的腳時，會看到三根腳趾朝向前方，相當於大拇指的第一趾則朝向後方。腳趾像這樣彼此相對，稱為對向性。由於這種對向性，使得鳥類的腳部接地範圍能夠前後大幅擴展。像歐亞雲雀（*Alauda arvensis*）和水鷚（*Anthus spinoletta*）等是很常利用地面的鳥

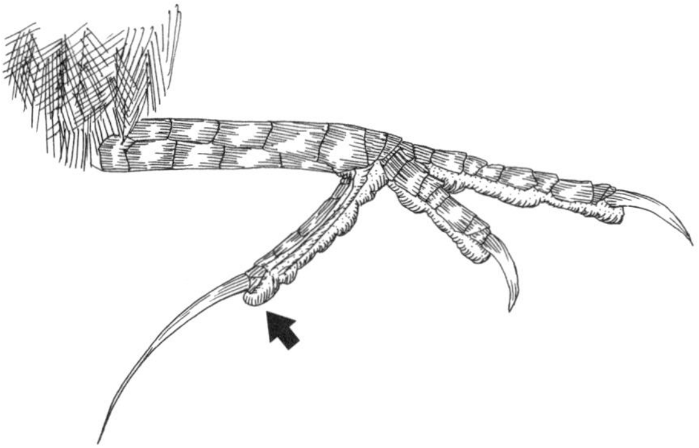

褐翅鴉鵑（*Centropus sinensis*）的第一趾（箭頭）。爪子長得很不自然。

類，牠們第一趾的爪子伸得非常長。而像是棲息於東南亞、名為番鵑（*Centropus bengalensis*）的鳥及其同類，則是爪子比腳趾還要長。像這類的鳥，應該是利用爪子讓接地範圍延伸更多，更強化穩定度的吧。

但是，對向性並不是為了在地面上活動的目的演化出來的。人類的手指也是，大拇指與其他手指朝著不同方向（稱為對向性），而這是適合用來抓握物體的形態。一般認為鳥類腳趾的對向性也是為了具備這類機能才演化而來。鳥類的祖先是恐龍，直系是以霸王龍為代表的獸腳類。雖然獸腳類是在地面活動，不過在牠的腳上看不到腳趾的對向性。原因則是在於，對向性是鳥類開始進入飛翔生活以後才獲得的形質。

飛入了天空的鳥類，產生了停棲在樹上、抓握樹

3 譯註：Cowgirl Blues是日本歌手松任谷由實的專輯名稱，澳洲的創作歌手安妮·麥克（Anne McCue）也有同名的歌曲。

枝的必要性。雖然就算如果只有朝向前方的腳趾，也不是無法從單向握緊樹枝，不過，要是能夠以對向的第一趾從反方向握住的話，就能夠大大提升停在搖晃樹枝上的穩定感。一般認為，鳥類往樹上發展，才真正是牠們演化出對向性的理由。雖然雞由於過起了樹上生活而獲得的第一趾對向性，與牠們在地面上的穩定性有關聯，不過牠們也並沒有忘記原本的使用方法。

在觀察家雞的生活時，會覺得牠們好像總是在地上徘徊著尋找食物。但是牠們也會為了休息或睡眠而利用棲木。對在地面活動的鳥類來說，最怕的就是日本貂或鼬等等在地上活動的捕食者。雖然牠們醒著的時候會盡可能地警戒，但是在地面上睡覺時則變得毫無防備。就如同單身女性會避免住在大廈一樓，以雞為首的雉科鳥類也是只要有樹木，就會停棲在枝上休息。牠們的第一趾現在也仍舊活用於停棲樹木時。

十鳥十足[4]

像雞腳這樣朝前方有三根、朝後方有一根、總共四根趾頭的腳，稱為不等趾足。這是鳥類腳部的典型形狀，在森永的大嘴鳥[5]上也是採用這種畫法。但是，只要有典型，就一

企鵝的第一趾，裝飾。

叉尾雨燕沒有朝向後方的趾頭。

定有例外跟變化，這也是世間常理。

假如第一趾的對向性是用來適應抓握樹枝的話，不在樹上過生活的物種就沒有這種必要了。例如不會停在樹枝上，而是停在垂直崖壁上的叉尾雨燕（*Apus pacificus*），就是四根腳趾全部朝向前方的前趾足。

不在樹上而是在水上或地上發展活動的鳥類有第一趾退化的傾向。主要在水上活動的鳥類雖然擁有很有效率的蹼，不過後方第一趾的蹼則很難發達。此外，在地面上，和前進方向相反的第一趾的爪子應該會變成煞車。在這種場合，第一趾的存在反而變得很礙事。

在地上或水上生活的綠頭鴨（*Anas platyrhynchos*）或花嘴鴨（*Anas poecilorhyncha*）的第一趾已經退化，變得中空，看起來只是孤零零地長在那裡。在潮間帶走來走去的

4 譯註：改自日本諺語「十人十色」，意為每個人都有自己的獨特性。

5 譯註：指森永製菓的大嘴鳥巧克力球包裝上的那隻鳥。

鵺，或是身為海鳥的海鷗或鸌，那個部分也只剩下痕跡。企鵝的第一趾也變得如同裝飾而已。

至於體型大且在地上走來走去的鶆䳍，牠的第一趾已消失了，只有三根趾頭。鴕鳥則好像連朝前方的腳趾都變得很礙事似的，減少到剩下二根趾頭。雖然在緩慢步行的時候，將腳趾撐大、擴展接地範圍比較有利，但是在跑步時，減少腳趾的數目才是更有優勢的。即使是哺乳類，高度適應跑步的馬科動物也是五根趾頭癒合成為一根，鴕鳥的狀況可說是與此相同。

雞確實是經常在地上來回走動的鳥類。可是由於牠們並非長距離行走，所以因第一趾的存在而遭遇的不便應該不大才對。牠們雄偉的第一趾證明了具有這根腳趾的優點。演化，是在優點和缺點之間保持平衡的產物。

反過來說，也有腳趾數目比四根還要多的鳥類。牠就是以家雞品種育種配成的烏骨雞。牠們的第一趾分叉了，變成五根或六根腳趾。這應該是在品種改良的過程中由於突變而產生的多趾畸形，最終在品系中被固定下來了吧。我以前也曾捕獲過長有六根趾頭的野生棕耳鵯，牠的多趾化腳趾也是第一趾。這根腳趾也許比較容易增加。附帶一提，在漫畫《惡魔人》中，也有妖鳥死麗濡的趾頭變成六根的情節，請務必要找找看。

腳趾變成前後各二趾的啄木鳥，或是四根之中有兩根是到一半為止都癒合在一起的翠鳥等，還有其他各種鳥腳形狀的變異。雖然鳥是以在空中飛行為主要特質，不過在實際生活中，不飛的時間反而更長。在不飛行的時候，會接觸到外部的部位，原則上只有腳而已。以支撐全身運動的這一點來說，腳所具備的功能是和翅膀同等重要的。

鳥類配合生活場所或運動方法而演化出了形態多樣的腳。託此之福，我們便能夠從腳的形狀推測出該種鳥類的生活方式。雖然雞腳從食用肉部位的角度來說是受到蔑視的，但它卻是能夠雄辯滔滔、為其生態特徵代言的引人入勝部位。

雖說如此，應該也有明明就想對雞腳刮目相看、重新檢驗，卻嘆息著沒有機會和雞腳相遇的人吧。沒問題。雞腳是煮出好喝雞湯的食材，並以此而隱藏在我們的生活周遭。在拉麵店門簾的另一邊，成為溫熱暖心高湯的香醇層次，一定就在等待著你。

※

那麼，這陣子都一直在關注下半身，要是被誤認為和《灰姑娘》裡的王子一樣是個戀足癖（foot fetishist）可就糟了。不，話說回來，比起外觀，重要的是內在，貝兒在一朵玫瑰花之前[6]這樣說過。就連出現在〈相馬的古內裡〉的巨大骸骨[7]，其本質也只不過是戀愛中的少女，很可能有顆溫柔的心。心中充滿對瀧夜叉姬的鎮魂祈禱[8]，從下一章，我們就開始切入鳥的內在吧。

6 譯註：出自迪士尼的動畫《美女與野獸》。

7 譯註：這是日本的浮世繪師歌川國芳〈相馬的古內裡〉圖中所描繪的內容，平將門的妹妹瀧夜叉姬為了替哥哥報仇，前往京都鞍馬的貴船神社祈願，獲得蟾蜍妖術，操縱巨大骸骨，帶領部下與大宅太郎光國對戰、對抗朝廷的故事。

8 譯註：承前，就得要祈願讓獲得妖術的公主瀧夜叉姬回復平靜。

PART 3

一寸小鳥也有五分內臟[1]

有被丟掉的鳥就有被撿拾的骨架[2]

無法抑制胸中的激動

在日文中，把人的人性、人品稱為「人柄」（Hito-gara）。要是如此，就應該把鳥的鳥性稱為「Tori-gara」（鳥品）。但是，在廚房中跋扈的「Tori-gara」（雞架子），卻既非鳥類的為人（為鳥），也不是在浴衣[3]上印得滿滿的千鳥格紋（柄）[4]。這是指，把可以作為食用肉利用的軟組織剝除後，剩下的鳥類骨骼。

一般被當成雞架子販賣的部位，是鳥類身體的骨骼及其周圍的柔軟組織。以人類來說的話，就是把頭和雙手雙腳都殘忍地切掉以後，剩餘部分的骨骼。當然了，就算不以人類為例，也是把同樣部位切掉以後剩餘的身體骨骼。身體軀幹部分的骨骼是一整組形成籠子狀的構

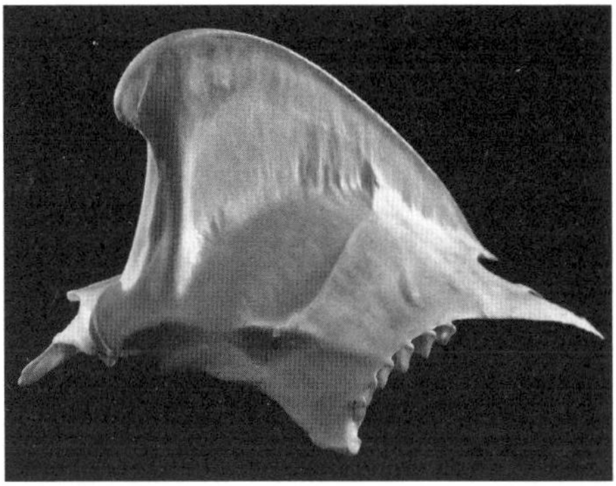

垂直的鯊魚鰭的部位是龍骨突。會很想要拿來放在頭上[5]。

造，內側收容著心臟、肺部、肝臟等主要臟器。

雞架子經常大致分成兩個部分。一部分是以胸骨為中心的「腹側部位」，另一部分則是以從背骨到骨盆為止的軸為中心，且有肋骨長在上面的「背側部位」。而在還沒被切除之前，背骨和胸骨是藉由肋骨接在一起而形成籠子狀的結構。

首先，讓我們看看形成雞架子的腹側部位。作為其中心且絕對不會錯的，就是胸骨。

鳥類的胸骨，一般是沿著胸部有平坦表面，在

1 譯註：源自日本俗語「一寸の虫にも五分の魂」。直譯為「一寸小蟲也有五分的魂」，表示再怎麼弱小的人也是有尊嚴的，不可小看。也有「士可殺不可辱」、「匹夫不可奪其志」之意。

2 譯註：源自日本俗語「捨てる神あれば拾う神あり」，直譯是「有捨棄（你）的神、也有撿拾（你）的神」，意思和「天無絕人之路」相近。

3 譯註：浴衣是日本人在夏天時穿的簡便和服，念成「Yu-ka-ta」。

4 譯註：日文中的花紋寫成「柄」，發音也是「ga-ra」。

5 譯註：因為形狀很像超人力霸王頭上的宇宙迴力鏢。

上面具有聳立的垂直壁面的構造。如同在胸前長著超人力霸王的必殺武器宇宙迴力鏢[6]，或是鯊魚的背鰭刺穿背部而在胸前突出來，那樣的形狀。這個宇宙迴力鏢稱為龍骨突。由於這個突起是從胸部往前突出的，看來好像頗礙事。要是人類有這種骨頭的話，既不能互相擁抱、無法讓彼此的胸部貼在一起互取上下手的比賽相撲，也沒辦法演奏里肯貝克[7]的電吉他。

但是，在看活生生的鳥類時，只會看到平坦的胸部，並不會覺得有什麼從牠們胸前飛出來。那是由於在兩側長著胸肉和胸小肌，龍骨突被埋在肌肉下方所致。在前面的篇章說過，這些肌肉是用來產生讓翅膀上下拍動的力量。胸骨之所以大，是為了要支撐拍動翅膀用的大型肌肉，而龍骨突則是胸肌附著的部位，也就是扮演著胸部背後的無名英雄的角色。胸肌就是被這個突起所支撐，才能夠把產生的力量傳達到翅膀去。

以支撐飛翔肌的這一點來說，胸骨的形狀是鳥類的飛行象徵，也可說是在鳥類骨骼中最具有鳥類本色的部位。因為不論再怎麼說，具有龍骨突的現生脊椎動物只有鳥類而已。在鳥類中，例如鴕鳥和鷸鴕這類不會飛翔的鳥類代表等等，這個突起已經退化消失了。即使是沖繩引以為傲的不會飛的鳥類沖繩秧雞，也是以其龍骨突變得很小而為人所知。雖然沒有特定名稱，只是不分青紅皂白地就隨便給它一個「雞架子」這種不名譽的俗稱，看輕了它，但它卻是明明白白表示了鳥類向天空挑戰的，鳥骨之王呢。

即使彎曲也出乎意料地不會折斷

如前面所說，一般鳥類的胸骨是在平面上聳立著龍骨突的構造。可是理解了這一點後，再看看家雞的胸骨時，就會注意到胸骨中成為基座的平面部分並不只是一個單純的平面而已。那裡只有像風箏骨架般的細瘦結構，並沒有連結其間的平面。這個特殊的形狀，成為包含家雞在內的雞形目鳥類的特徵。

只有骨架的胸骨，理所當然的，強度會比一般的胸骨要來得低，在製作標本時很容易折斷，造成極大的麻煩。不管是否可能會引發研究者無用怨恨的危險，牠們特地採用這個構造是有理由的。放眼望去，看看廣大的鳥類界，在完全不同系統的鵜形目也可以看到相

6 譯註：宇宙迴力鏢的原文為「アイスラッガー」，英文為Eye Slugger，但由於發音的斷句引發誤會，所以也有稱為「冰斧」的，或稱頭鏢。

7 譯註：里肯貝克（Rickenbacker International Corporation）是位於美國加州的弦樂器製造商，於一九三一年被譽為最早的知名電吉他製造商，並生產了一系列電吉他和貝斯吉他。

似構造的這件事上，應該有其線索存在。

正如在胸小肌的段落中所提到的，鴂形目被認為是現生鳥類中系統最古老的古顎總目之成員。在此系統中，有著鴕鳥、鷸鴕、鸸鴕等不會飛的鳥類，而牠們的龍骨突統統都消失不見了。但是，鴂形目卻是其中唯一能夠在空中飛翔，還具有龍骨突的鳥類。

雖然系統不同，不過雞形目和鴂形目有著共通的行為特徵。那就是不作長距離飛翔，只有在想逃亡等時，會瞬間爆發式地拍打翅膀，作短距離的衝刺飛行。

為了要進行短距離瞬間爆發式的飛行，就必須具有能在短期內產生強大力量、強力拍打翅膀的能力。只有由骨架形成的胸骨，雖然支撐的作用不大，但卻像板狀彈簧那樣地容易彎曲。牠們很可能是以讓胸骨本體彎曲的方式，把骨骼的彈性當成彈簧來利用，以便協助身體產生瞬間爆發性的飛翔力。一般來說，我們都認為骨骼是相當堅硬之物，給人只要彎曲就會折斷的印象，但是鳥類則會利用骨頭的彈性來運動。

在雞架子中，還含有另外一塊以其彈力自傲的骨頭，那就是叉骨。叉骨是接續於胸骨前側的V字型骨頭。要是在海灘認真觀察比基尼美女的話，就會發現在脖子和肩膀之間有個微微凹陷的部分，那個稍稍積了一點水的姿態會讓人有種奇妙的心動感。呈現出這個凹陷的是鎖骨，左右兩根鎖骨癒合而成的部位就是叉骨。

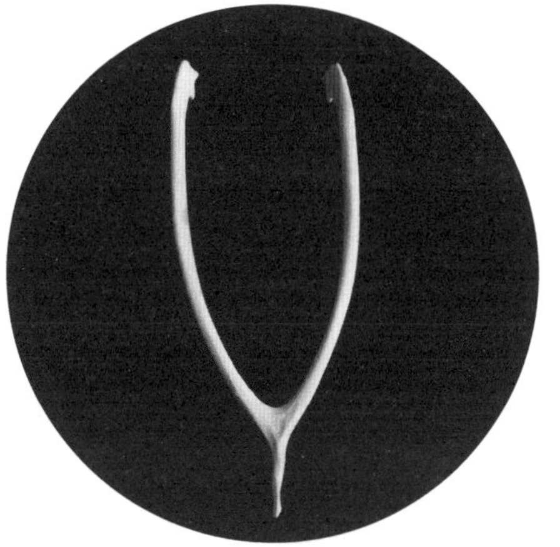

家雞的叉骨。兩個人各拿一端往左右拉扯，直到將它折斷，拿到長邊骨頭那個人的願望就會實現。傳統的許願方式是使用火雞的叉骨。

叉骨也是根既細又容易彎曲的骨頭。這根骨頭的V字形底部接續到胸骨的前端，在兩側變寬的前端部分抵達肩部。叉骨會配合鳥類拍打翅膀的動作而大幅度彎曲，一般認為這個動作也會帶動到氣囊。

在肱骨的段落中曾談到氣囊扮演著散熱器般的角色，不過它也還有另一項任務，就是擔任呼吸器官。在鳥類的身體裡有著複數的氣囊，吸入的空氣會先進入氣囊，接著才進入到肺裡。在肺部把氧氣傳遞給血液並接受帶有二氧化碳的空氣，再通過別的氣囊，以呼氣的方式被排出。由於呼氣和吸氣是通過不同的路徑，所以不容易混合，便能夠效率很好地進行氣體交換，成為讓飛行這種過於苛刻的運動得以實現的助力之一。也就是說，飛行時的叉骨彎曲，能夠讓體內的氣囊擴大或縮小，促進空氣的循環。

在鳥類很短，在哺乳類很長

其次，來看看背側各部分。此處是以連結了背骨到骨盆的脊柱為中心，肋骨往兩側延伸出去的構造。在這裡，醒目的是背骨，也就是脊椎骨。頭部已經被切掉的脊椎骨，是由支撐頭部的頸椎、和肋骨連在一起的胸椎、支撐腰部的骨盆，以及很少的尾椎串聯在一起。此處存在感很突出的是構成長脖子的頸椎。

對鳥類來說，脖子是很重要的部分。對沒有手的牠們而言，喙部正是處理和操作事物的替代器官。以喙部織巢、以喙部採食覓食、以喙部理羽。若是對喙部進行訓練的話，彈出技巧超絕的〈鐘〉[8]也不是夢。頭部就是用來把喙部送到世界各地的、伸縮自如的可動連接臂。有能力的鳥類會隱藏脖子[9]，真脖不露相，經常會把頸部摺疊起來收納到羽毛中。因為如此，鳥類是以脖子不顯眼的為多數。但是把羽毛除去之後，脖子卻是出乎意外地長，並以其存在感為傲。然後配合頸部的長短，內裡包含著許多的頸椎。

在哺乳類的頸椎方面，幾乎所有物種的頸椎都是七塊。不論是鼻子很長的大象、耳朵很長的兔子，基本上，頸椎的數目都相同。霍氏二趾樹懶（*Choloepus hoffmanni*）是六塊、三趾樹懶為九塊，不知道樹懶是否是由於太過偷懶而出現了例外的物種，不過包含這樣的例子在內，也大多是六到九塊，數目比較固定。

而另一方面，我們知道鳥類中幾乎所有物種都具有十一塊以上的頸椎。那個數目不像哺乳類具有如此的劃一性，還會因種而有很大的變異。以頸椎少的物種來說，在鸚鵡之中也有只有九塊頸椎的物種。在外觀上，鸚鵡的頸部也沒有很長，所以頸椎數量少也就能夠讓人接受。被認為數目最多的是黃嘴天鵝（*Cygnus cygnus*），以二十五塊的數量傲視群鳥。

不過，在哺乳類中也有像長頸鹿那般脖子很長的物種。為了要讓脖子很長，便有讓一節節的頸椎長度增長，以及增加頸椎數量這兩種方法。哺乳類採用前者，鳥類採用後者。因為鳥類能很靈巧地用喙部做各式各樣的動作，也有像鷺鷥那樣能夠彎曲頸部、將其當成鞭子使用，僅僅一擊就可以捕捉到遠處的魚的物種。對於將頸部當成操作的機器般活用的鳥類來說，柔軟性是不可缺少的，於是就以重疊多數短骨頭來增加關節的方式，做出滑順靈活的動作。

8 譯註：〈鐘〉（*La Campanella*），是由匈牙利作曲家法蘭茲・李斯特創作的帕格尼尼大變奏曲六首中第三首的鋼琴獨奏曲。

9 譯註：原文為「能ある鳥は首を隠し」，改自「能ある鷹は爪を隠す」（能幹的老鷹會隱藏爪子），意為真正有才能的人不外露、真人不露相。

關於頸部的肉，會在後面章節另外以主角級的待遇來談論，詳情請一邊參考長頸族（Kayan people）的傳統，一邊耐心等待。

剩餘物品是行家喜歡的

只要說到雞架子，就是煮湯時一定會出現的。以煮高湯為目的，湯煮完了就把固體部分都丟掉的人應該也不少，但其實那裡隱藏著可食用的部分。由於很難得，所以請大家也好好品嘗它們。

市面上販賣的雞架子，一般都是屬於中雞。骨頭末端之所以是半透明的軟骨，就是因為如此。而在這裡面又還特別留著大型軟骨的，就是胸骨尾側的末端。這裡一方面是由基座的平面部位及龍骨突形成了賓士標誌的切面，另一方面又形成槍頭的形狀。大家一定對這個形狀有印象。沒錯，就是所謂的三角骨（藥研軟骨）。

三角骨是去到串燒店時就會看到店家把四個或五個串在竹籤上一起烘烤，在超市則堆成小山、以便宜價錢販賣的東西。不過，那是只有在胸骨末端才有，且只有從中雞身上才能夠取得的稀少部位。請別忘記在那一串串燒的背後有五隻家雞並排著的這件事。此外，所謂藥研就是研磨杵，是在調配中藥等時把材料磨碎的工具，但是隨著時代流轉，已經成為難得一見的器具。我覺得乾脆就稱它為賓士軟骨，也不是不可以。

接下來，在雞架子上面能夠看到的，是頸後肉。這是可從背側部位取得的頸部周圍肌肉。正如前面所說，鳥類的頸部是由多數的頸椎連動才能夠進行靈活的運動，不過確保這種運動得以進行的是強韌且纖細的肌肉。當關節變多，相對應的肌肉也必須變多，在頸椎周圍有著超過兩百條的肌肉和肌腱複雜地交織著。家雞在行走和覓食時，都不停地一邊咕咕叫著一邊點頭。正是因為有日常的鍛鍊，才讓牠們的肌肉擁有彈性，愈咀嚼愈有滋味。

把從頸部連到骨盆的部分翻過來看，會看

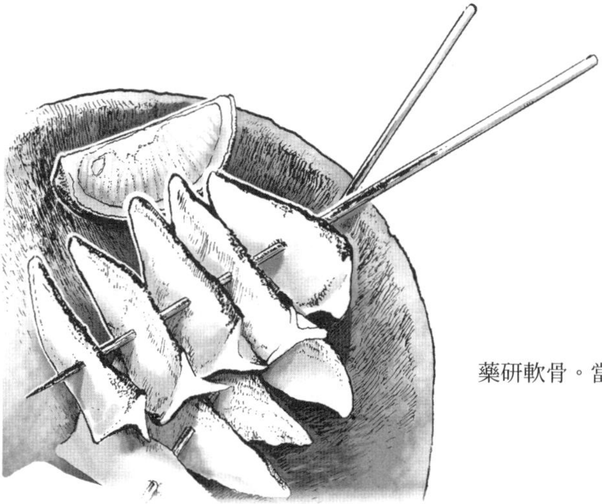

藥研軟骨。當然很好吃。

到紅豆色的器官緊貼在上面。由於那看起來完全就是內臟，讓人覺得有點血淋淋的恐怖感，所以可能有些人會無法接受。這是鳥類的腎臟，通稱「背肝」。雖然拿來燒烤也很好吃，但要是怕腥味的話，只要和薑一起用醬油煮，就能夠成為一道很受行家老饕喜愛的下酒菜呢。

從雞架子剝下各個不同部位是很麻煩的事。這也正是這些部位之所以稀少，並打動某些愛好者的心的原因。在精肉鋪的一角，等待瞭解自己價值的主人出現的那種姿態，就像是在等候阿拉丁的神燈一般。要是看到有人在販賣已經去除這些部位的雞架子時，請別忘記和肉鋪老闆交換一下眼神，在心中跟他點點頭打個招呼，稱讚一下老闆的好眼光吧。

※

到這裡為止，以骨骼和肌肉為中心的部位講解差不多結束了，總算可以開始觸及內臟邊緣。把雞肉吃乾抹淨之旅的終點也即將到來。那麼，接下來，終於要談到內臟。明天是明天的太陽在閃閃發光[10]。

10 譯註：原文「明日は明日の太陽がピカピカである」是出自春木悅巳的知名暢銷漫畫《小麻煩千惠》（じゃりン子チエ）的口頭禪，不過原文是關西腔「明日は明日の太陽がピカピカやねん」。但最初原本應該是出自日本俗諺「明日は明日の風が吹く」，直譯為「明天是明天的風在吹」，亦即不必為還沒到來的事情操心，順其自然就好。

有時也要吃肝，像怪物那樣

魍魎的主食雖然是肝，不過畫中這個個體是從頭開始整個拿來啃。
是稀少的紀錄。出自鳥山石燕《今昔畫圖續百鬼》。

魍魎頭也不回往前衝

魍魎，是在日本與歐亞大陸東部各地都有過觀察紀錄的中型哺乳類。也有「Mizuha」的俗稱，廣義上包含了河童和水虎等等在內的所有水邊動物。而另一方面，狹義上則是指有著幼兒般體型、具有長耳朵的特定動物。在鳥山石燕所著的《今昔畫圖續百鬼》中，便有這種狹義的魍魎在吃死者肝臟的記述。

從安達原的鬼女吃生肝、河童從生者拔尻子玉等傳說來思考的話，不對生者出手、和平地吃著死者肝臟的魍魎，和前述兩者相較之下可說是無害的野生妖怪，甚至可說是扮演了清道夫的角色，具有讓周遭環境保持良好衛生狀態的功能。要是在街角遇到烏鴉啄食屍體，或是整張臉都染成血紅色的魍魎，的確會非常嚇人。可是必須要有像牠們那樣的生物存在，才能讓物質在生態系內循環，這也是不爭的事實，可說是不可或缺的要素。

我們在吃動物屍體時，特等的還是牠們的肌肉部分。在點了A5等級的牛肉之後，假如送來的是A5等級的牛肝或小牛肚的話，絕大部分的人應該都會覺得很懊惱吧。因為很現實的，肉才是主角，內臟是以剩餘物質的立場被便宜地販賣。但是魍魎吃內臟，以野生動物而言卻可說是非常合理的行為。

由於孩子是肉食所以只吃肉，並因此變得營養不良，是家長為了孩子偏食而傷腦筋的問題之一。雖然實施「對小孩說也要吃蔬菜才行喔」的柔性教育也不是不行，不過會去勸那些立於生態系頂點的肉食動物吃青菜的不要命人士還真是不多。因為如此，肉食動物是將獵物完完整整全部吃下去，以此來解決營養攝取上的問題。無須贅言，成為獵物的那隻動物的身體中，已經含有個體捕食者為了活下去所必需的所有營養素。也因如此，將整隻個體都吃下去的話，就會是連營養能量補充棒CalorieMate也比不上的完全均衡營養食品。連微量元素也包含在內，全部的必要元素都能夠一併攝取。

但是，當獵物太大時，想要整個吃下去就有物理性的困難。考慮到魍魎的體型只有幼兒般大，要把死者全身都吃下肚，當然不是件容易的事。我們可以認為，正是因為如此，才會選擇性地挑肝來吃。魍魎以外的野生動物也是，不光只是吃肌肉和脂肪而已，牠們也很喜歡吃內臟。在野外觀察鳥類時，經常會看到烏鴉或鷹類開心踴躍地吃著內臟的場面。這當然是因為內臟裡含有多樣的營養素。

雖然（在日文中）肝這個字有時是指內臟整體，不過此處要特別請大家注意的這個肝字，是雞肝。由於其獨特的氣味及口感，肝不太受孩子們歡迎，說著「這是肉喔」地一邊被騙一邊被餵食或強迫吃下去，並在心中植下了陰影，是長大成人前的一個必經儀式。但是，被餵食肝臟有其營養學上的意義。

仔細看文部科學省提供的食品成分資料庫時，就能夠知道雞肝中含有各種各樣的營養。和同等重量的雞胸肉相比，肝臟的鐵和維生素B^2為其二十倍、錳為其三十倍，至於維生素A和葉酸則有兩百倍。這是讓魍魎目不斜視地貪婪下肚也理所當然的營養食品。

簡直就像是紅綠燈

雞的肝，以被胸骨守護著的形狀收納在胸廓之中。由於它在胸骨正下方並砰咚地橫躺在其他內臟上方，所以是解剖時會最先看到的內臟。不論是雞或人類，肝臟都是內臟中最大的器官。鳥類肝臟大大地分成左右兩葉，在肉鋪也經常看到將兩葉雞肝串成房狀販賣的模樣。這兩葉肝並非左右對稱，而是重疊著收納在體內。許多動物雖然在外觀上看來左右對稱，但在各個不同部位中的內臟卻是不對稱的。左右兩葉肝的大小也不同，右葉比左葉要大上許多，在調理烹煮的時候請務必確認看看。

在處理雞肝時，偶爾會看到像是綠色斑點般的東西。由於在我們的生活周遭，血液顏色是綠色的生物大概只有海鞘跟火星人而已，所以大家可能會覺得那樣有點可怕。不過，那是膽汁的顏色，請大家不要太責怪它們。在鳥類的膽汁中含有稱為膽綠素的綠色色素，精肉偶爾會因為沾到這種色素而形成沉積的斑點。不過虎皮鸚鵡（*Melopsittacus undulatus*）或一部分的鴿子是沒有膽囊的，若是炒鴿肝，就可以安心了。

肝臟生產膽汁，並將膽汁儲存到位於肝臟旁邊的膽囊裡。膽汁是特別在消化脂肪時會發揮作用的鹼性液體。在脂肪之中，由長鏈的飽和脂肪酸所構成的蠟成分很難消化，大多數鳥類皆無法利用。例如楊梅類的果實，有些就是被蠟質給包覆住的。但像黃腰白喉林鶯（*Setophaga coronata*）等部分鳥類，牠們的膽囊或腸管內具有高濃度的膽汁酸鹽，就能夠花時間慢慢消化。膽汁在食物的利用上扮演著特別的角色。

其實和這種膽汁色素相遇的機會並不罕見。在觀看鳥類排泄物時，有時會看見其中有綠色的部分，那也是源自膽綠素的顏色。膽綠素是由紅色色素的代表性存在「血紅素」分解而產生的。雖然其生理作用仍不清楚，不過紅色的色素居然會變成其互補色的綠色，生物的身體還真是不可思議啊。此外，人類膽汁色素的代表性色素是由膽綠素生成的膽紅素，而這個是黃色的。會從紅色變成綠色、從綠色變成黃色，這件事還真的很想告訴指揮交通的交通警察呢。

在調理魚的時候，你可能有看見魚腹有黃色斑痕並嘗到苦味的經驗吧。這同樣是膽汁。在去除內臟時偶爾會有膽汁溢出，若是沒把內臟取出處理的話，經過的時間久了，膽汁便會從膽囊滲出來。由於不論是鳥類或魚類，膽汁都是消化液，所以吃進我們的肚子裡也不會有什麼壞處，不過因為會有苦味，最好還是拿出來。

不管再怎麼說，下次若有機會看到鳥類的排泄物，請確認那個顏色，實際體會一下肝臟的存在和功能。

反減肥宣言

正如前面所說的，肝臟是個大型的臟器。這個器官就如同它的物理性存在感一樣，在功能方面也扮演了很重要的角色。分泌膽汁，只不過是其多數功能之一。也許有人會看不起肝臟，認為肝臟這種東西只不過是用來分解酒精而已，但是實際上，除此之外，肝臟還有許多其他的功能。何況鳥類原本就不喝酒，這種功能對牠們根本沒有用。

分解有毒成分、生產膽固醇、調整血液中的糖分濃度、分解脂質和蛋白質、分解有害的阿摩尼亞並生成無害的尿素、合成白蛋白這種蛋白質。我以前也認為這種口感觸感粗糙的東西是種不太可靠的組織，但是它們卻像是在體內伸展了三頭六臂似地非常活躍。所以在禁酒中的鳥類體內也是非常神氣的存在。

雖然現代人會把肝臟脂肪視為敵人，但是對鳥類而言，儲存脂肪也可說是肝臟的重要功能之一。和喝了啤酒後接受按摩的高級黑毛和牛不同，儲存於野生動物肌肉中的脂肪量是很少的。牠們主要是把脂肪儲存在皮下和內臟周邊。在內臟之中，肝臟也最容易把脂肪累積在內部，成為燃料槽之一。

飛行是與重力的戰爭，這件事情到目前為止已經反覆不停地提過。對鳥類而言，在體內儲存脂肪以確保儲備能量，以此意義來看，也等於提升生存率。而另一方面，要是增加了脂肪部分的體重，也會讓移動時消耗的能量增加。如果任意增加體重，便會降低機動性，也就等於提高被捕食者攻擊的危險性。因為如此，儲存過多脂肪並不一定能帶來好處。實際上，平時的鳥兒，脂肪大概只有體重的百分之三到五。當然，牠們的環境條件大多通常無法讓牠們自在地累積脂肪。無論如何，平時鳥類儲存的脂肪是沒有那麼多的。

冬天是鳥類儲存脂肪的時機。雖然對人類來說也是一樣，但冬天對動物而言是很嚴酷的季節。多數的內溫動物若不保持體溫就會感到非常非常冷，會變得很虛弱。因為如此，和氣溫高的時期相比，冬天為了要維持體溫，就需要過剩的能量。若是季節溫暖的話，即使多少有氣溫變化，露出肚臍睡覺也不至於會死人。但是在嚴酷的冬天，只要氣溫稍微變低，就有可能會招致死亡。以最低底線的儲蓄來過生活，就等於背負著死亡的危險性，即使體重稍微有點過重，儲存多餘脂肪所帶來的利益也還是比較大。

在試圖遷徙時也會儲存脂肪。鳥類遷徙時經常是不吃不喝地長距離飛翔，因為如此，就必須儲存脂肪，讓肝臟變大變肥之後再行遷徙。有時肝臟的尺寸甚至會變成平時的一．五倍。遷徙時的必要之事就是飛行，由於不可能把脂肪儲存在會影響到飛行的那些部位，就有可能促使脂肪累積在內臟裡。因為牠們等於是把便當存放在體內進行移動，這部分的體重增加可說是不得已的。

鵝肝醬是利用鳥類會把脂肪儲存在肝臟中的這件事而誕生的高級食材。雖然飼養方法經常成為被非難指責的目標，但至少也能成為理解鳥類肝臟扮演角色的教材之一。當然，在我家的餐桌上並不會有這種東西出現，從我至今也還不曾親眼見過它的這點來看，鵝肝醬和魍魎於我而言是同一等級。雖然我實在很想找藉口說是為了寫文章要用的資料而狠下心來買一次，幫這份稿子加點特色，可惜現實是嚴酷的。

一般來說，內臟被販賣時，受到的待遇要比肌肉來得低。肌肉是會隨時間經過而熟成、變得美味，相比之下，內臟卻是很容易腐壞、品質會隨時間而變差，這應該是最大的原因吧。而這其中，又以肝臟最為明顯。一般來說，肌肉的販售流通很廣，內臟卻大多是在產地周邊被消費，但這絕對不是由於難吃所以沒有流通價值才造成的。

現在的物流網絡跟保存技術都很發達，各地人們都能夠吃到好吃的內臟。雖說如此，內臟畢竟還是以在產地吃新鮮，才最為上等。比起經過長途奔波運送過來的超高級熟成肉品，能夠吃到新鮮肝臟才是更奢侈的事情，請大家記住。

※

那麼，在很厲害的肝臟專賣店中買雞肝時，在雞肝的正中央部分會看到有個大拇指般大的紅色器官垂掛著。那是雞的心臟，雞心。既然都已經談過整組販賣的其中一方了，接下來不談談雞心，豈非很不公平？

但是，不論是心臟肝臟或舌頭，在日本，講到食物內臟的時候，通常都不是使用自古以來的日文，而是使用源於英文的外來語。至於為何會是如此，我想把調查該理由當成到下個主題為止的作業。萬一這個課題沒有解決的話，我保證我一定會到走廊上罰站，邊提著水桶[1]邊執筆寫稿。

1 譯註：在日本，罰站的時候，很常是兩手提著裝滿水的水桶站在走廊上。

心寬體胖

莎翁喜劇的悲劇

我完全就是誤會了。一直以來，我都認為放高利貸的夏洛克開口要求的，是心臟的肉一磅[1]。在重新閱讀《威尼斯商人》之後，我才發現並非心臟本身，而是心臟旁邊的肉一磅。由於若是要求心臟的話，就算被以預謀殺人罪起訴也無法抱怨，這種要求方式，還真是周到呢。

話說回來，人類心臟肉的重量大約為三百克，一磅大約為四百五十克，若是想從普通體格的人類身上割下一磅的心臟肉，不謊報多一點的話就很難辦到。以前還不成熟的我，在閱讀莎士比亞時沒有注意到這一點，就把錯誤的記憶深深地印在腦海中了。不囫圇吞下被灌輸的資訊，而是去檢視其可信度，找到原典出處、確認文獻，此乃研究者的基本。我打從心底感謝讓我回想起我的初心的夏洛克。

發抖的心臟

人類的心臟構造分成二心房二心室，大多數人在學生時代都已經學過這件事了。含有多數在體內循環的二氧化碳的血液，從右心房經由右心室，進而抵達肺部。在肺部攝入氧氣的血液，從左心房經由左心室、再被送到全身。心臟扮演著讓全身血液循環的幫浦角色。

人類心臟的右半部和左半部被隔膜完全隔開，在心房和心室之間有防止逆流的瓣膜。由於採用這種構造，使得富含氧氣的血液和含有大量二氧化碳的血液不會混合。只要想像成裝有兩個風箱般的東西就好了。附帶一提，在日本的傳統製鐵工作中，用腳踩踏的風箱叫做「踏鞴」（Tatara），而那好像就是「地団駄」（頓足跺地）[2]的由來。下次要是發生什麼

1 編註：語出莎翁名劇《威尼斯商人》，夏洛克是劇中大反派，以放高利貸為生，乃世界文學作品的四大吝嗇鬼之一。他要求還不出錢的主角割下一磅肉給他。

2 譯註：日文俗話中有句「地団駄を踏む」（Ji-dann-da-wo-fu-mu），意為因生氣或懊悔等感情高漲而激烈地跺腳踩踏地面，引申為萬分懊悔。而這句俗話原本應該為「地踏鞴を踏む」。

事情讓你懊惱到要跺地，也正是讓你想起心臟功用的大好機會。

那麼，這個二心房二心室的構造，成為包含人類在內的哺乳動物特性。雖然哺乳類被認為是由兩生類演化而來的單弓類系統之一，不過兩生類是二心房一心室。再往前回溯到祖先的魚類，大多數物種是一心房一心室。從在水中行鰓呼吸的魚類，經過水陸兩棲以鰓、皮膚、肺呼吸的兩生類，再成為適應陸地生活、以肺呼吸的哺乳類。配合環境的變化改變呼吸器官，演化出了效率更佳、更複雜的構造。

另一方面，鳥類也和人類一樣具有二心房二心室的心臟。此處在系統上是由爬蟲類演化而來的，但是龜類和蜥蜴類、蛇類則具有二心房一心室的構造。換句話說，雖然鳥類的心臟在構造上和人類的相似，卻是由別的系統獨自獲得而來。

作為陸生脊椎動物共通祖先的魚類，牠們的一心房一心室是單純的循環系統。心臟↓鰓↓身體↓心臟，以這樣為一周。另一方面，二心房二心室的系統則是心臟↓肺↓心臟↓身體↓心臟，以這樣為一周。換句話說，在走一圈之間，會通過幫浦兩次。感覺起來有點像是渦輪引擎般的渦輪心臟。當然，說渦輪也不是很正確，不過不要對細節斤斤計較，才是長壽的祕訣。

心臟單點菜單（à la carte）

當有子彈射到心臟上時，要是胸前沒有剛好放著一美元硬幣，就必死無疑。血液的循環是維持身體不可或缺的，而心臟則是達成這個目的必不可少的器官。就連《綠野仙蹤》裡的稻草人[3]都一直在論述心的重要。由於心臟是不隨意肌，也不會因為每天每天努力工作就感到厭煩而回到大海裡。正是因為這樣無休無止地不停工作，才成為被鍛鍊得很好、很有嚼勁的優良食用肉品。

在肉鋪是以「ハツ」（heart）的名稱在賣心臟部位的肉。一般能夠買到的大概就是牛心、豬心、雞心吧。但是根據地域不同，有時也會看到熊本的馬、信州的山羊、三陸地方的鯊魚、高知的鰹魚等等的心臟。雖然不論何者都可以品嘗到彈性跟美味，非常推薦，不過若是害怕食物中毒，就要避免生吃。

哺乳類的心臟通常不是以一整顆的形態銷售，而是被切得很漂亮的狀態。要是一整顆心臟放在你眼前販賣的話，應該會盪漾著一股恐怖的氣氛，在晚餐的時候還可能會被客

3 譯註：在富蘭克・包姆的經典兒童文學名著《綠野仙蹤》之中，稻草人沒有腦、鐵樵夫沒有心、獅子缺乏勇氣，他們跟想回堪薩斯的家的桃樂絲一起去找歐茲幫他們達成心願。

訴。從這一點來看，由於雞心既小又可愛，恐怖感很微弱，所以是以完整的形態販賣，於是也讓我們得以掌握心臟的構造。雖然在系統上雞心跟哺乳類的心不同，但在構造上是有共通點的，所以在插上竹籤做成串燒之前，會想要開心地享受一下它們的形態。

把雞心從橫向剖開時，可以從它的斷面看到右心室和左心室兩個空腔。在這之中，靠近中央、被肥厚肌肉所包圍的是左心室。右心室因為只是把血液送往附近的肺而已，所以肌肉很薄，而掌管全身循環的左心室肌肉就很發達。

在雞心的上部，有幾條白色的管狀物在開闔。這是大動脈和肺動脈。動脈是把血液從心臟送出的管子，施加於其上的壓力很高。而為了支撐這種高壓，這條管子就變得很是堅固結實。由於太過結實了，有時在做菜的前置備料時，也會把這個部位切除。不過，喀滋喀滋地品嘗這個部位，對動脈的恩惠表示敬意，是研究者該盡的義務。

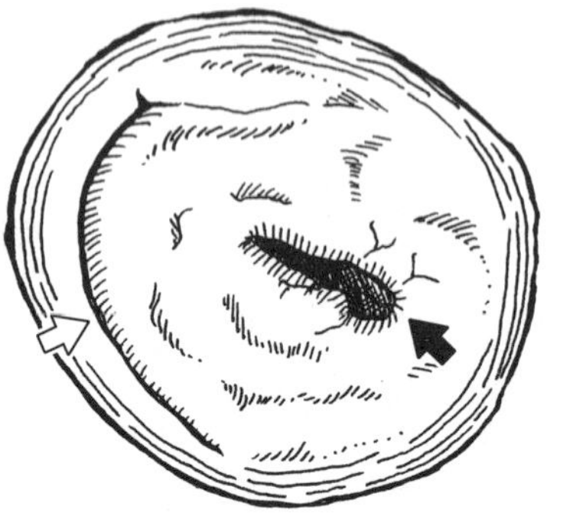

雞心的斷面。白色的箭頭是右心室，黑色的箭頭是左心室。

還有別種能夠在生活周遭觀察到的心臟，那就是魚類的心臟。不論是沙丁魚或五條鰤，只要去厲害一點的鮮魚店就能夠購買一整條的魚。不要當場請店裡的人幫忙處理或調理，偶爾也可自己在家裡試著清除內臟看看。

在把魚類的內臟整個看過一次時，可以在整團內臟的前端部分看到像阿波羅11號指揮艙形狀般的鮮紅色器官。嗯，跟雞心是一樣的形狀。那正是魚類的心臟。將這顆心臟橫剖開來，便會發現心室只有一個而已。當然，魚心也跟雞心一樣會呈現出很棒的彈性。在仔細看過構造之後，稍微用火烤一下，再好好品嘗吧。特別如果是像鮭魚那麼大的話，魚心也會有著相當的大小，可以插上竹籤燒烤、品嘗它的美味。我在北海道標津町的秋味祭時吃到的鮭魚肝串真是絕品啊。

心臟敲擊的節奏

正如最開始時所說的，人類的心臟在成年人身上大約為三百克，這相當於體重的百分之〇·五。以哺乳類來說，馬或兔子等這類會因為種種理由而讓運動量很大的奔逃系動物，其心臟占身體的比重約為百分之一，不過大多數物種是在百分之〇·三到〇·八之間。

相對於此，大多數鳥類的心臟占其體重比為百分之一到一·五。由於鳥類在飛行時會消耗許多氧氣，一定要高速地送出大量血液才行，所以幫浦也就變大了。在此仍舊一樣，可以一窺牠們為了要在空中飛翔而必須進行的運動有多麼嚴酷。

一般來說，體型愈小，心臟占的比例就愈大。雁鴨類的心臟雖然占其體重的百分之一左右，不過到了鴿子和麻雀身上，則大概占百分之一・五。此外，飛翔時拍翅速度稱霸宇宙的蜂鳥是百分之二・四，可以說牠們的幫浦是非常之大。

只不過，不作長距離飛翔的家雞是百分之〇・六、環頸雉不過百分之〇・五，這個數字就和哺乳類的差不多。從此處也能夠推測出飛翔對心臟造成的負擔。此外，高緯度和高山也會有讓心臟大型化的傾向，不過那是為了在寒帶地域保持體溫所做出的適應。

對飛行長距離的候鳥來說，心臟扮演的角色又格外重要。黑頸鸊鷉（*Podiceps nigricollis*）為了要在遷徙之前能夠以高效率儲存營養，會讓消化器官肥大到原來的兩倍左右。但是到了即將要遷徙時，牠們又會絕食，讓消化器官的重量減少到原來的三分之一，並讓腳的肌肉也縮小。不過心臟卻不會縮小，反而有在遷徙即將開始前讓心臟變得更加肥大的傾向。若想吃候鳥的心臟，以這段時期的最為適宜食用。

而另一方面，也有報告指出，大濱鷸（*Calidris tenuirostris*）這種鳥在進行大約五千四百公里的遷徙前後，心臟的尺寸會縮小到原本的百分之八十左右。為了要獲得長期運動所必需的能量，就連心臟的肌肉都被分解了。遷徙，是包含心臟在內的身體構造都需要大規模改造的極限運動。只不過，由於體重會在遷徙的後半部時期遽減，讓承載的重量變輕，因為出力變小了，所造成的影響應該也不大才對。雖然想到牠們為了躲避寒冬而前往南國旅行的姿態讓人很羨慕，不過不管是行前準備或路途之中，應該也都不輕鬆吧。

飛翔所需的能量多寡，不只是反映在冑浦的尺寸，也反映在燃料上面。雖然人類血液的血糖值約為六十到一百 mg/dL，鳥類則大概是一百五十到三百五十 mg/dL。魚類是以低血糖的為多，以鮟鱇來說，好像還只有五 mg/dL 而已。

魚類不只血糖低而已，連心臟也非常小。魚類的心臟只有占體重的百分之〇．一到〇．三左右，大概是哺乳類的三分之一、鳥類的五分之一。不過牠們並不會因為心臟小而感到辛苦，在水裡，這個比例應該就是最適合的尺寸了吧。為了讓這樣的水棲動物隨著演化而進入陸地或天空，大型的心臟和巨大的能量就變得有其必要。在廚房實際看到魚類心臟之小的時候，也就能夠再次實際體認到陸生動物的高規格，以及牠們大型的心臟。

童話故事中說到人魚公主在獲得人類的腳之後，只要每走一步，雙腳都會感覺刺痛。她的心臟當然是一心房一心室。由於身體愈大，心臟的比例就會愈小，所以依照推測，她的心臟尺寸應該僅僅只有體重的百分之〇．一左右吧。這對於在陸上活動來說，心臟實在太過小型了，所以血液循環就會變差，導致末梢神經障礙。人魚公主若能稍微學一下解剖學，應該就能變得幸福才對。要是還有下次的話，記得請巫婆也把心臟的力量一併升級。

脊椎動物在水中誕生，一邊變更內臟的機能和構造，一邊進入了陸地和天空這種環境迥異的世界。那並非一朝一夕就能達成，是花上以億年為單位的時間演化而來的結果。就算既是美人又是名流，但倘若輕視環境的變化，就會淪落到像人魚公主那樣的境地。在人魚公主的童話故事中，隱含著不要一時只追求表面上的成果，而該好好一步一腳印地踏實做事的教訓。

※

但是，最可憐的是夏洛克。雖然他的確是個放高利貸的人，但是那跟欠錢是兩回事。從結果來看，他借出去的錢被倒了，連本金都沒有拿回來。這再怎麼想，都是惡人先告狀啊。話說從頭，無法還錢是借錢那一方的問題。欠債之人原本就該把作為代價的「心臟附近的肉一磅」備好歸還才對，身為被害者的他，根本不需要弄髒自己的手啊。

為了對這樣的夏洛克表示哀憐之意，接下來我想談一談「心臟附近的肉」。鳥類的心臟位於胸骨下方，被其他內臟包圍著。說到附近的肌肉，那就只有雞胗，也就是砂囊而已了啊。這樣一來，夏洛克應該也能夠笑著成佛上西天囉。

胃如同嘴巴那樣地能咀嚼東西

不需要植牙

「會痛的話，就請舉一下手喔。」

由於麻醉滿有效的，所以不會痛。

需要拔智齒的我，就像剛剛被雨淋得濕漉漉的流浪狗一樣，渾身顫抖個不停。我非常害怕人體的改造行為，牙醫和修卡[1]是我最大的罩門。我在這裡自首，我是連隱形眼鏡都沒辦法放進眼睛裡面的弱雞。

雖說如此，真正的雞並不會因為害怕拔牙而渾身發抖。因為以家雞為首的現生鳥類根本沒有牙齒，也就沒什麼好怕的了。

1 譯註：原文為「ショッカー」(Shocker)，是特效電影《假面騎士》裡以征服世界為目的的國際祕密組織，會把很聰明或體力高強的人抓去做成改造人。

託此之福，牠們不只不會體會到偷偷逼近智齒的恐怖感覺，也不需要刷牙，也不會有雞柳卡到牙縫裡，好處是說也說不完。但是牠們也失去了一些事物以交換這些好處，那就是咀嚼的功能。

縱使美麗的媽媽在一旁罵說吃飯要好好咀嚼再吞下去，鳥兒們卻是把食物給整個囫圇吞下。雖然也有像鷹那樣會以喙部把肉撕裂，或是像桑鳲（*Eophona personata*）那樣把種子敲破的鳥類，不過基本上還是囫圇吞下。因為再怎麼說，既然沒有牙齒便無法咀嚼，這也是沒辦法的事。但是這樣一來，對於消化應該就很不好吧。

雖然如此，鳥兒們卻不會因此而感到胃部脹痛、消化不良。那是因為，牠們以胃袋取代嘴巴來咀嚼。鳥類具有被肌肉包覆著的結實胃部，那是一般稱為「砂囊」的部位，那個喀滋喀滋的口感與嚼勁讓老饕感到心滿意足。沒有牙齒的鳥兒們，是以內臟來補足牙齒的功能，以此幫助消化的。

人類並沒有這樣的器官，就連有四個胃的牛，牠們的胃都不具有如此強健的肌肉。砂囊是鳥類特有的消化器官。

只要颳風，串燒屋就會賺錢[2]

鳥類是由恐龍演化而來，這件事我們已經重複說過好幾次。在恐龍之中，又是以長著成排帥氣牙齒的獸腳類為其直系祖先，那就是霸王龍和迅猛龍（伶盜龍）等一副壞蛋長相的恐龍類。鳥類是在大約一億五千萬年前從這個類群中誕生的。初期的鳥類深深地傳承了祖先的形質，以具有恐龍般帥氣的牙齒而為後人所知。在觀看始祖鳥化石的時候，便會發現牠們確實長滿了像爬蟲類般的細牙。而後，到了大約一億一千六百萬年前，鳥類的牙齒就消失了。

拔牙的恐怖確實很難忍受，但話雖如此，原本就沒有牙齒的話也很令人煩躁。鳥類的祖先也是因為有其必要才會長有牙齒的。而牙齒之所以會消失，若是沒有相應的理由，就無法讓人信服。

有人說鳥類之所以沒有牙齒，是為了要輕量化。但是對於這一點，我卻沒辦法舉雙手贊成。一般認為鳥類是為了彌補隨著牙齒喪失的咀嚼功能才具有大型的砂囊。很有嚼勁的

2 譯註：原文「風が吹くと焼鳥屋が儲かる」是改寫自日本諺語「風が吹くと桶屋が儲かる」，只要颳大風，木桶店就會賺大錢。意為由於某種事情的發生，會對乍看之下好像毫無關係的場所、事物帶來影響。有點像蝴蝶效應。

家雞的雞胗，有時甚至可以長到和頭部一樣大。這存在感大到能夠抵消因喪失牙齒而獲得的減重效果，完全不是減肥。

那麼，喪失牙齒的代價，讓鳥類獲得了什麼呢？那就是體積的集中化以及喙部。關於前者，我們在雞腿肉的章節中已經做了概論，在此且便割愛，只著眼於喙部。

為了飛翔，鳥類在牙齒以外也喪失了重要的東西，那就是靈巧的手。人類可以在米粒上面寫字，鳥類不行，這是由於手部不靈巧。牠們為了要換得一副空氣阻力少、有著優秀空氣動力學的翅膀，因而喪失了手部的指頭。指頭對於處理食物或編織窩巢來說應該都是不可或缺的器官。既然喪失了這項便利的工具，當然就有必要獲得能夠取而代之的工具。那也許就是喙部。

雖然有牙齒的口部對鳥而言應該是有用的器官才對，不過照著那個樣子不改變的話，就只會像個有刺的老虎鉗而已，以指頭的替代器官來看，靈巧度並不夠。但是若有個能夠做出像鑷子般精緻動作的喙部，應該就能夠補足隨著指頭消失而喪失的功能。這麼想的話，相對於有牙齒的口部，沒有牙齒的喙部在演化上比較厲害，也就不足為奇。因為以結果來看，是演化出了具有喙部的鳥類，所以它高度的機能性也就不容懷疑了。

換句話說，我們在串燒店之所以能夠品嘗雞胗的美味，是由於鳥類沒有牙齒。而沒有牙齒是因為有喙部、有喙部是由於沒有指頭、沒有指頭是為了要在空中飛行。至於為什麼要在空中飛行，根據推測，是由於在鳥類出現的一億五千萬年前，世界是被恐龍所支配的，要是待在地面上，就容易被肉食恐龍攻擊。正因為肉食恐龍是那樣地主宰了陸地，鳥兒們為了逃離被獵捕的壓力，便開始乘風在空中飛行，而其結果，就一路飛到了增加串燒店的菜單品項了。

現生鳥類會在肚子裡弄碎食物兩次

被鳥類吃下肚的食物會經過食道抵達胃部。雖然人類只有一個胃，不過鳥類則具有腺胃和砂囊兩個胃袋。砂囊的日文是筋胃，在雞身上就是所謂的雞胗。腺胃又叫前胃，是以消化液來促進食物分解的器官，可以將它當作是跟人類胃部具有同樣功能的器官。

哺乳類的胃酸大概是在pH 3到pH 6之間。一般來說，肉食或腐食動物的胃酸酸性很強，肉食的狗或貓是在pH 3到pH 5之間，腐食哺乳類的袋貂則是pH 1.5左右。人類的胃酸約為pH 1.5，在哺乳類中是屬於酸性相當強的。有種說法認為人類原本也是腐食性的，酸性高的胃酸便成為這種說法的根據之一。

而另一方面，鳥類胃酸的pH值大致在pH 1到pH 3之間。肉食的貓頭鷹或老鷹、腐食的烏鴉和禿鷲等等是pH 1.1到pH 1.3。由此可知，鳥類的胃液比哺乳類的酸性要強。附帶一提，一般認為愈是腐食者酸性愈強，這是為了要殺死有害細菌所發展出的適應結果。

鳥類的胃酸由於有了強酸性支撐，便具有很高的消化能力。這種優秀的消化能力讓牠們能夠因應飛行所需的要求，得以高效地攝取能量，此外，消化迅速也有助於輕量化。鳥類有時會把獸毛或堅硬的骨頭、甲殼類或昆蟲的外骨骼等不好消化的東西壓成塊後從口中吐出。這稱為食繭，像老鷹、鷺鷥或伯勞等許多鳥類都會吐食繭，牠們會用各種不同的方式努力讓自己變輕。

砂囊是由成塊的肌肉所形成的胃袋。雖然只要是有吃過雞胗的人應該就不需要說明，不過它是在外壁和內壁之間有著大量肌肉，並利用那些肌肉的力量把胃內部的食物磨碎。有些人可能會認為雞胗很硬而不喜歡吃，不過那種硬度正好證明了它的功能。

人類在進食的時候，是在口中先將食物做物理性的破壞，再經由胃內的消化液來進行化學性的消化。鳥類則是先進到腺胃、再進到砂囊，順序是相反的。雖然我認為先破壞後溶解的效率應該比較好，不過鳥類之所以沒有變成那樣的理由卻還不太清楚。

據說鳥類和哺乳類相比，口內味蕾的數目較少，味覺不太發達。對哺乳類來說，口部是第一個消化器官。經由咀嚼而被弄碎的食物在和唾液混合後便開始消化。而另一方面，鳥類則是把食物囫圇吞下，口部扮演的是大門玄關的角色。既然沒有悠哉品嘗的閒暇，味覺不太發達也是理所當然。

不過話說回來，牠們也並非沒有味覺。例如食果鳥類便是以會避免酸味或苦味的未熟果實、喜愛甜美的成熟果實而為人所知。一般認為酸味是顯示食物鮮度的指標、苦味是顯示毒性有無的指標、甜度是糖分多寡的指標，無論何者，都是為了生存而不可缺少的感覺感官。雖說味蕾少，並不表示牠們就沒有味覺。認為各種不同的鳥類對自己要利用的食物會演化出必要且充分的味覺，這樣才是合理的吧。

只要鍛鍊，就會是全身彈簧

砂囊的發達程度會依據物種而異。發展成以魚為食的鸕鷀或鸌類、特化成以花蜜為食的蜂鳥類等等，牠們就沒什麼以物理方式弄碎食物的必要性。像這樣的物種，砂囊的尺寸就小，肌肉也相對地單薄。而另一方面，砂囊尺寸大的，就是會將種子或貝類等堅硬食物整個吞下去的動物。植物為了要請鳥類幫忙運送種子，就把果肉送給鳥類，嘗試被動式的

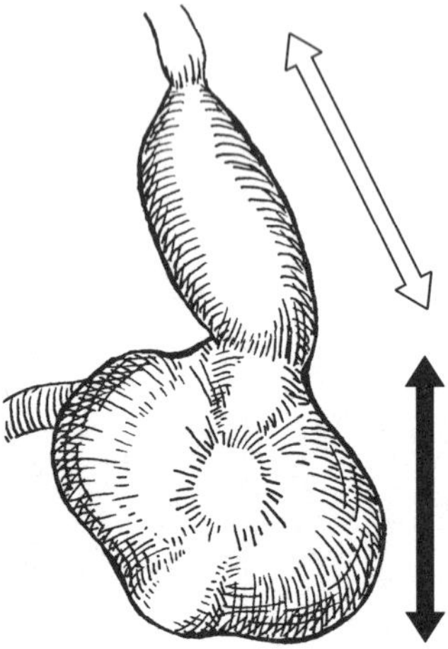

金背鳩的腺胃（白色箭頭）和砂囊（黑色箭頭）。

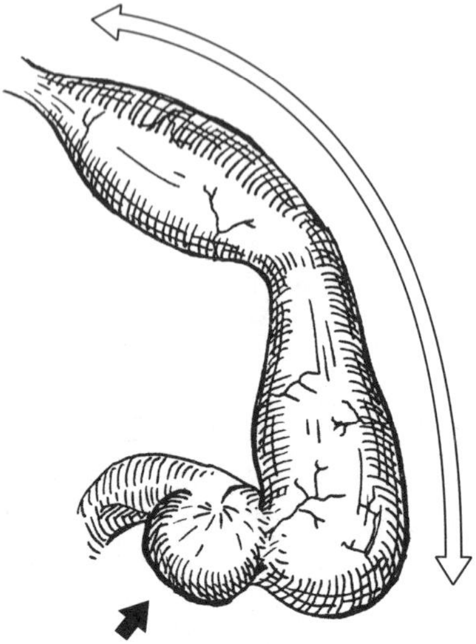

以魚為食的穴鳥（*Bulweria bulwerii*）腺胃（白色箭頭）很發達，砂囊（黑色箭頭）只剩下痕跡。

移動。因為如此，種子就具備了即使被鳥類吃下去也不會遭其破壞殆盡的強度。但是，以種子為食的鳥類是無慈悲心的殺戮者。即使是植物精心製作的種皮，也會輕易地被席維斯．史特龍般的砂囊給破壞。鴿類或雀類是以種子為食的代表性鳥類，具有發達的砂囊。家雞——我們食用的雞胗來源之本尊，也是經常吃種子的鳥類。

雁鴨類也是砂囊很發達的類群之一。很常吃貝類的鳳頭潛鴨（澤鳧，*Aythya fuligula*）具有大型的砂囊，而眾所周知的是，砂囊的尺寸乃依類群而異。

宍道湖是在有歷史記載以前，由

八束水臣津野命[3]製造出來並從某處運到島根半島的淡鹹水湖。這裡是雁鴨的一大度冬地，每年都會有四萬隻雁鴨飛來，其中有半數是鳳頭潛鴨。此外，也有許多鳳頭潛鴨飛到與宍道湖相連的中海。

牠們雖是為了度冬而造訪日本，不過有報告指出，在宍道湖度冬的個體，砂囊比起中海的個體大約重了兩倍。宍道湖的漁獲量乃是以日本第一為傲，而它也是日本黑蜆的一大產地，但是日本黑蜆的特徵在於蜆殼比起大多產於中海的雲雀蛤要來得硬。宍道湖的鳳頭潛鴨是為了吃蜆，砂囊才變得如此發達。

鳥類的砂囊大小沒有一定，會配合牠們各個時期的食性與行為而有所變化，有時甚至會在十天內就增加一倍重量。相反的，在沒有攝取食物的遷徙時期，砂囊則會急速縮小。這種視情況必要性而改變尺寸的特技是因為有著和牙齒所不同的柔軟組織才辦到的，可以說是對飛翔了不起的適應結果。

話說回來，分布於南美的麝雉這種鳥，雖然一般而言是以很難消化的堅硬樹葉為食，不過牠們的砂囊卻不太發達。鳥的食道裡有著稱為嗉囊的袋子，是可以暫時保管食物的空

3 譯註：在日本古籍《出雲國風土記》中記載的神話故事〈國引神話〉中提到，八束水臣津野命只要面向大海張開大網，就能夠把島嶼全部拉過來。當他在日本國土上行走時，每個腳印都會變成一個湖泊。

間。而麝雉的嗉囊肥大到比胃還大，並以在此消化樹葉而為眾人所知。其實牠們的嗉囊裡有分解葉片的細菌共生，託此之福，便讓這種鳥能夠利用其他鳥類所無法利用的樹葉，活用了這種資源。雖然這是特殊事例，不過鳥類真的是會配合食物的差異而個別發展出不同的消化器官。

即使是啃石頭也要

假如不是成龍，應該就沒辦法用單手握住核桃、只靠握力就把核桃捏碎吧。這是由於手掌很柔軟才會如此。但是，只要手中握有兩顆核桃，便能夠讓兩顆核桃以彼此的硬度互撞，因而讓其中一方容易破碎。

再怎麼說都是肌肉質地的胃袋，只靠它的力量也很難把堅硬的種子弄破。在這裡，活躍的是可謂砂囊教父的砂粒。

眾所周知，以種子等堅硬食物為食的鳥類會特地把小石頭或砂礫吞下肚。這些小石頭稱為胃石，會被儲存在砂囊裡。由於胃石會在砂囊中叩隆叩隆地和食物互相碰撞，使得鳥類能夠以很好的效率弄碎食物。胃石是從家雞到鴕鳥的許多鳥類都會利用的高通用性材料。

胃石的大小雖然五花八門，但是鴕鳥的胃石有時還會超過直徑十公分。從前分布於紐西蘭、已滅絕的北方巨恐鳥（*Dinornis maximus*）是以世界最高的鳥類而聞名的，從牠們的化石中也找到了重達五公斤的巨大胃石。

佛法僧（*Eurystomus orientalis*）是種名字看來好像很受神明保祐、對神佛很有感應的鳥類。牠們在育雛的時候會把蝸牛殼或金屬片等連同食物一起餵給雛鳥吃。要是人類也做出同樣的事情，應該會被認為是虐待兒童而遭一狀告到兒少福利機構去吧。不過以佛法僧來說，那也是愛的表現方式之一。

由於佛法僧很喜歡吃有堅硬外骨骼的甲蟲等，所以會吃金屬片等物來代替胃石。在昭和時代經常聽說牠們很常利用罐裝果汁的拉環，但是，曾幾何時，那些拉環已經沒辦法從罐裝飲料上面扯下來了。佛法僧一定也為此感到非常困擾吧。

一般來說，鳥類使用工具是很罕見的，目前只知道少數幾個例子，像新喀里多尼亞烏鴉（*Corvus moneduloides*）會用樹枝抓蟲、綠蓑鷺（*Butorides striatus*）會以假餌引誘魚兒靠過來等等。不過胃石是鳥類積極攝取的東西，也是一種相當充分使用的工具。這和海獺會用自己中意的石頭把扇貝敲開來吃，是同樣的行為。雖然收納石頭的場所具有在胃裡還是在腋下的差異，不過卻都是「假如用推的不行那就敲破看看」的積極採食方法。

※

人類和鳥類的共通點之一，是為了要進行視覺性溝通而讓外觀變得發達。不過卻也是在此處有著明確的相異點。那就是鳥類裝飾著的羽毛，不容易穿脫；但人類則因為靠的是衣服，所以外觀可以替換。託此之福，只要去到海邊，就會看到小麥色的美人魚們露出了大部分肌膚，實在是非常不檢點、太不像話了。不過那一定其實只是沙灘的保護色吧。雖然我有點覺得有時那可能反而會變成在引誘掠食者，不過我也會克制自己不要太過熱心地觀察，以免被警察當成嫌疑犯逮捕。

一邊遙想那樣甜美的海邊，下一個主題就一邊來到了雞的皮膚，也就是來談談雞皮。

佛法僧式的親情。

PART 4

然後鳥也一個都不留[1]

藏尾椎露屁股

黑喉紅臀鵯。
沒辦法給大家看彩圖
實在非常遺憾。

紅屁股之謎

有一種鳥，叫做黑喉紅臀鵯（*Pycnonotus cafer*）。這種鳥也是名列於國際自然保護聯盟所發表的「世界百大外來入侵種」（100 of the World's Worst Invasive Alien Species）中的麻煩鳥類。雖然是原產於南亞的鳥類，但卻入侵世界各地，對農業的危害或對原生物種的影響很讓人擔心。

縱然如此，把屁股是紅色的描述加到名字上面仍是值得商榷的吧。再怎麼想，這也不是什麼好話。假設我的屁股是紅色的，就這樣被拿來當我的綽號稱呼我的話，我應該會因為太過丟臉而玻璃心碎裂一地。在這種負面狀態下還能夠以外來入侵種的身分大為活躍，牠們的心臟一定很強吧。

不管是不是壞話，總之這種鳥的名字讓人在意的重點，在於從牠的名字會讓人事先預期的外觀姿態是什麼樣子。換句話說，這個課題也就在於鳥的屁股究竟位於何處。

人類屁股的位置應該是眾人皆知。在電車車站一邊爬樓梯一邊往上看時，存在於眼前

1 譯註：原文出自英國知名推理作家阿嘉莎．克莉絲蒂的小說書名，而該書名則是來自美國原住民童謠〈十個小印地安人〉。

的就是很有魅力的屁股。只不過，要是一直死盯著看，穿制服的伯伯就會邀你吃炸豬排蓋飯[2]，所以我建議在觀察的時候要很小心。總而言之，位於背部腰下位置的桃狀部位就稱為屁股。

縱然如此，黑喉紅臀鵯的背部完全沒有紅色部分。所以你可能會認為牠們的名字是毫無根據的壞話而已，不過要是往前看，便會發現在尾羽下方的下腹部附近是鮮紅色的。

所謂屁股，是指排泄口周邊部位的用語。雖然人類的排泄口是位於背側，不過鳥類的排泄口則是位於腹側。也因如此，在爬樓梯時並沒有辦法看到牠們的屁股。

人類以外的脊椎動物，一般是在背側和腹側的交界線上會有尾巴，所以從外觀上區分兩者很容易。但人類不只是直立起來以二足步行而已，尾巴還消失了，所以屁股就嵌進了背部的陣地。由於這種差異，再加上我們充滿「屁股位於腰部以下」的先入為主觀念，而現實中鳥類屁股的位置跟我們的相反，就讓我們感到不太能接受了。

然後，被這種先入為主的觀念所束縛，又再被取了個充滿誤解的名稱的，就是雞屁股。

買隻全雞來確認雞屁股的位置吧。從頸部順著脊椎骨往後經過骨盆，就會抵達尾椎。要是在那裡看到像史萊姆[3]形狀的ㄉㄨㄞ ㄉㄨㄞ柔軟組織的話，就沒錯了。這正是在串燒店以雞屁股為名（按：在台灣被稱為七里香）提供給顧客的部位。在尾羽基部稍微前面一點的腰部附近，正是以人類概念所指的屁股位置。

雞屁股（按：也就是台語中稱為尾椎的部位）平時被羽毛所隱藏著，在野生鳥類的身體上幾乎不會看到這個器官。因為如此，在現實生活中，一般人就連雞屁股並不是位於屁股的這件事都不知道。請大家趁此機會記住，尾椎（雞屁股）並非屁股、也不是位於屁股，而是位於背部的腰椎末端。因為碰的是腰部而非屁股，雞屁股實際上不是屁股。從解剖學的角度來思考的話，這應該要稱為「雞腰」[4]才比較相稱。

此外，為了不要引發誤會，我要在此做個宣言，我的屁股不紅。

2 譯註：不論實際上狀況如何，不過，在日本的平面和電子媒體很常說警察在偵訊嫌犯並錄到口供之後，警察會請吃炸豬排蓋飯。

3 譯註：史萊姆（slime）在英文中原本是指黏液狀、泥狀的東西，也是一種具有黏性的玩具，可丟到窗戶那類的玻璃平面上看它黏上去再逐漸往下滑。不過在一九八六年推出的電玩《勇者鬥惡龍》中，由日本漫畫家鳥山明設計的史萊姆是個水滴形狀的可愛吉祥物，廣受玩家喜愛，從此就變得非常有名。

4 譯註：尾椎，也就是雞屁股的日文為「ボンジリ」（Bon-Jiri），其中的「ジリ」是「尻」，亦即屁股。而作者掰的「雞腰」日文則是「ボンコシ」（Bon-Koshi），「コシ」是「腰」的意思。

水和油和脂和水

當然了，雞屁股並不是排泄口。因為倘若從這種位置把糞便排泄出來的話，羽毛一定會弄髒。所謂的雞屁股是稱為尾脂腺的部位，是分泌油脂的器官。

從尾脂腺釋出的油脂，是由蠟、脂肪酸與脂肪等所構成。由於是油脂的分泌腺，內部自然就飽含脂肪。託此之福，雞屁股便成為非常多汁的可口部位。喜愛此部位的不是只有日本人而已。在迦納和薩摩亞等地，會特地從美國進口火雞的屁股當成食材烹調。不過美國人則似乎認為這個部位的脂肪成分太多、不健康，所以不太吃這個部位，統統拿去出口。這可真是不負責任啊。

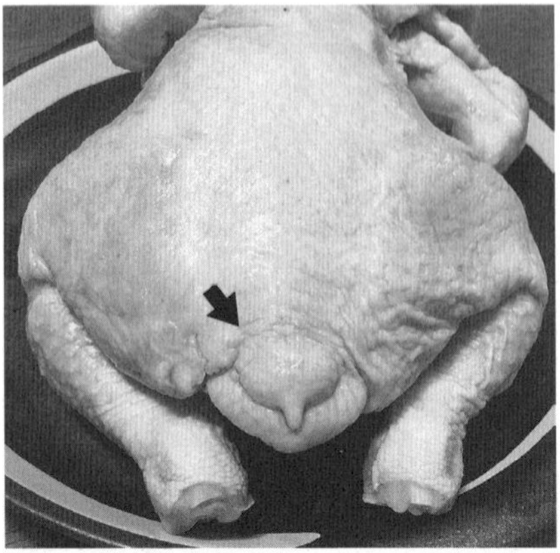
黑色箭頭處是尾脂腺。

這個油脂成分，在鳥類理羽時會派上用場。由於羽毛對鳥類來說是生活中的重要器官，所以會非常認真地整理。在觀察牠們理羽時，經常會看到牠們轉頭用喙部碰觸「腰部」的模樣。那是為了要用喙部沾上從尾脂腺分泌的油脂，再塗抹到羽毛上。

說這種話好像有點那個，不過從鳥沒穿衣服的這點來看，可以說牠們是赤裸的。由於牠們是以違反善良風俗的姿態在過日子，多虧了披著羽毛，才讓牠們勉強沒被逮捕。然後又託了那些羽毛之福，即使下雨天也不會讓皮膚變濕。保證能夠讓這些羽毛維持住防水性的，就是從這個尾脂腺分泌的油脂。

在看到被雨淋濕的鳥時，會發現牠們的羽毛就像是剛打完蠟的車窗那樣能夠撥水。那也是託了塗抹在羽毛表面上的油脂之福。雞屁股萬歲。

是的，大家很容易就會這樣想吧。那是理所當然的。由於有抹油的地方上面水就會被彈開，根本無庸置疑。但是，現在卻知道實際上並不一定如此。

實驗性地把雁鴨的尾脂腺切除看看。在那之後，再做個評比羽毛撥水性的試驗，結果，會發現那隻鳥的羽毛撥水性並沒有變差。在鴿子、麻雀、家雞身上實驗，也獲得了同樣的結果。

鳥類羽毛在正中間有條細長的羽軸，在其兩側有平面展開。這個平面部分稱為羽片，而羽片是由從羽軸長出來的細長羽枝所形成的。羽枝上還有更細的羽小枝排列於其上。看起來好像是這種微細構造產生了撥水作用，而這種防水性，即使沒有塗抹在表面的油脂，似乎也能發揮。

只不過從雁鴨的實驗發現，要是不塗抹來自尾脂腺的分泌物，羽毛的構造就會因受損而變得毛躁。由於在羽毛上塗抹了這種分泌物，才能夠保持柔軟度並保護羽毛，延緩羽毛的受損，保護微細構造。從此意義來看，可以說它至少是間接地維持了防水功能。此外，既然含有油脂，也就不會對防水性毫無貢獻。就像古屋老宅的座敷童子[5]那樣，雖然沒有也過得去、不會怎麼樣，但是假如有的話，當然就會更好，那樣的東西。

尾脂腺會因鳥的種類而在尺寸上有所差異。與體重相較之下，尾脂腺比例最大的是小鸊鷉，約為體重的百分之〇・六。小鸊鷉是種水鳥，有個稱為八丁潛的日文別名。企鵝、鸌和雁鴨等水鳥的尾脂腺也很大。將這些列入考量的話，就會認為不論是間接或直接，尾脂腺果然還是對防水性有所貢獻。

而另一方面，鴿子、鷺鷥、蟆口鴟和鸚鵡等等則是以尾脂腺小而為人所知。至於鷸鴕和美洲鴕（*Rhea americana*）等，雖然牠們還在發育中的雛鳥仍具有尾脂腺，不過之後就會消失，到了成鳥時就沒有尾脂腺了。

鴿子和鷺鷥身上稱為絨羽的羽毛非常發達，上面會產生像痱子粉那般的粉。這種粉具有保護羽毛的機能，所以借助尾脂腺之力的必要性應該不大。而鷸鴕和美洲鴕由於是不飛行的鳥類，就算羽毛變得很毛躁也不用太在乎。為了要分泌油脂，理所當然就得攝取多餘的脂肪。假如沒有必要的話，朝著降低那部分的成本去演化，也是理所當然。

哺乳類的全身皮膚都具有皮脂腺，從各處都會分泌油脂。人類偶爾會對於從頭皮或T-Zone[6]分泌的油脂感到困擾。雖然有時也會疑心高漲，認為那可能是優佳雅[7]的陰謀，不過油脂卻是防止皮膚和體毛受損的重要防護。油膩膩的叔叔伯伯啊，其實是在乾燥環境中全副武裝的紳士呢。

另一方面，除了少數例外，鳥類的皮膚基本上沒有尾脂腺以外的脂腺。羽毛整體的油脂只靠位於腰椎末端的「屁股」就足夠供給了。在哺乳類中所見不到的大型尾脂腺，在鳥類身上可是採取了中央集權式的體制在控管呢。「屁股」是聚集了全身油脂的元氣彈[8]，就算油膩膩也是沒辦法的事。

5 譯註：座敷童子主要是在日本岩手縣傳承的精靈，據說住在古宅裡，會對家人惡作劇，也會為看得到的人帶來好運、給自己棲身的那家人帶來財富。

6 譯註：指臉上油額頭、鼻子、下巴構成的T型區域。

7 譯註：優佳雅是京都百年老店「よーじや」（Yojiya）的店名中文譯名。一九〇四年從販賣舞台化妝用品的攤販起家，再在京都三条御幸町南創立「國枝商店」。大正初期為了推廣口腔衛生而販賣牙刷，由於當時的牙刷也被叫做「楊枝」（Yoji），當眾人以「楊枝屋」稱呼該店之後，店家就把這種愛稱當成新店名了。從一九二〇年代起就在販賣的吸油面紙近年來變得非常知名，成為主力商品跟京都必買伴手禮。另外，日文的「楊枝」是指牙籤。

8 譯註：原文為「元気玉」（Genkidama），是在漫畫《七龍珠》中孫悟空會使用的必殺技之一。

異性的視線和背部的脂腺

尾脂腺的分泌物也具有改善羽毛衛生狀態的功能。既然羽毛是由角蛋白（Keratin）這種蛋白質所形成，在這世上當然也就存在著分解它們的細菌和菌類。塗抹分泌物，好像也能夠抑制這類分解者的繁殖。

而另一方面，這種分泌物也具有促進特定菌類成長的功能。一般來說，這些菌類同樣有抑制以羽毛為食的蝨類附著的功用。雖然我有點不太欣賞這種只有會帶來利益的菌類才給繁殖的投機主義，不過既然在文獻上有此番記載，應該是不會錯的吧。

雄鴿要是因為寄生蟲而導致羽毛損傷，除了保溫功能變差、使得冬天的生存率下降以外，還會變得不受雌鴿歡迎，此事是大家都已經知道的。大家可能會認為，羽毛這種東西反正會長出新的來替換，哪有什麼關係，不過讓羽毛狀態永遠保持良好，是得以把自身的基因留到未來的重要因素。

在非洲，有種叫做戴勝（*Upupa epops*）[9]或林戴勝（Phoeniculidae）的鳥類。光聽牠們的名字，腦中就會浮現出八岐大蛇[10]或王者基多拉[11]般的姿態而非常興奮。只是很遺憾的，戴勝的頭只有一個，只是牠們的頭上有八撮冠羽聳立，從外貌看，應該把日文名字取名叫莫西干[12]才比較適合。

一般認為，牠們把尾脂腺分泌物當成對付捕食者的策略。這些莫西干們以鳥類界的臭鼬聞名，分泌物會釋出令人不快的惡臭。只不過由於牠們並不像臭鼬那樣能夠以噴射氣體的方式把分泌物噴出去，所以這個防身工具只能

9 譯註：戴勝的日文為「ヤツガシラ」（ya-tsu-ga-shi-ra），直譯是「八頭」。在金門也滿常見。

10 譯註：八岐大蛇是在《日本書記》中的寫法，在《古事記》中則寫成八俣遠呂智，是日本傳說中的生物，有八個頭、八條尾巴。

11 譯註：王者基多拉的日文為「キングギドラ」（King Ghidorah），是日本電影《哥吉拉》系列中第一隻宇宙怪獸，也是最知名的怪獸，被譽為哥吉拉最大的對手。牠有三個頭、兩條尾巴、背上有巨大翅膀，還會從口中發射像閃電的引力光束。

12 譯註：莫西干頭（Mohican hairstyle）源自美國原住民莫霍克族的髮型（Mohawk hairstyle）。

戴勝的頭只有一個。

用來對付近距離的捕食者。

和戴勝成為對照組的，是使用這種分泌物來提升自身魅力的紅鸛（亦稱紅鶴）。脂質中經常儲存著類胡蘿蔔素（carotenoid），而紅鸛的尾脂腺分泌物中也含有這種色素。

特別在繁殖期，這種色素的量會增加，好讓牠們將分泌物塗抹在羽毛上，讓自己呈現鮮豔的粉紅色，變得美麗。一般的鳥類無法在體內生成類胡蘿蔔素，紅鸛是經由吃進螺旋藻這類藍藻才獲得這種顏色。要是我有機會飼養紅鸛，會想要餵牠們吃吃看吉丁蟲[13]，把我的人生賭在培育出七彩紅鸛這件事上頭。

鳥類通常是以換羽來變化羽毛的顏色。在這其中，如同紅鸛這般以化妝來改變顏色的，可說是極為稀有的現象。

在這世上，還有其他會上妝的稀有鳥類。例如日本的滅絕生物界代表鳥類，朱鷺（*Nipponia nippon*）。牠們不是利用尾脂腺，而是從頸部周圍釋出黑色的分泌物來塗抹在羽毛上，把白色羽毛染成灰色。會認為灰色比白色漂亮的牠們，應該有著自己獨特的美學吧。看到在繁殖期時得意揚揚地把自己妝扮成有點髒兮兮顏色的朱鷺，心情會感到有點沮喪的人，應該不是只有我而已。

好吃又離健康感很遠的雞屁股，是鳥類的特有器官。鳥類在各式各樣的用途上都活用了神給予的這種特殊器官。

※

那麼，雞屁股的話題只不過是開頭的過場而已。從雞屁股往周圍擴展的無限大地，也就是雞皮，才是此處真正的主題。何況我在前一章的最後部分也已經這樣預告過了。

可是，我好像把文章的份量給估錯了，光是尾脂腺就用掉了長長的篇幅。因為如此，關於雞皮的事，我就換個章節，到下一章再另外慢慢地談。

13 譯註：吉丁蟲的日文是「玉蟲」（Tama-michi），外骨骼的顏色是結構色，從不同方向照射在身上的光線會讓牠們表現出不同七彩顏色。

請不要稱為雞皮疙瘩

有生以來第一次

曾經蔑視過裸鼴鼠（*Heterocephalus glaber*）的人請舉手。你們應該要站在鏡子前面再次確認自己的身影並加以反省。因為這樣一來就會重新體認到，失去體毛全身皮膚裸露的，並不是只有牠們而已。試著藉由穿上衣服拚死想要隱藏裸體的人類姿態，反而讓人覺得是在做垂死的掙扎，感覺很可悲。不以無毛為恥、堂堂正正生活的裸鼴鼠，是不容許我們人類隨意蔑視的。

只不過，我們直接跟裸鼴鼠面對面的機會實在不多。人類最常見到的一絲不掛的脊椎動物，應該算是家雞吧。

正如一般的哺乳類是被體毛包覆著那般，

鳥類本來的姿態也是身體被羽毛覆蓋，暴露出皮膚的程度極為有限。當然，在很害羞的鳥類之中，截至目前為止並沒有發現過全身無毛的物種。因為如此，直接看到野生鳥類皮膚的機會就很稀少。

但是我們有雞皮。雞皮在串燒店的菜單品項中也是數一數二的美味部位，首先我們得要感謝有這個機會拜見牠們的皮膚才行。

不知道是誰計算的，據說在鳥類的身體上，即使小型的紅喉蜂鳥（*Archilochus colubris*）羽毛也有九百片以上，大型的小天鵝指名亞種（*Cygnus columbianus columbianus*）則長有大約兩萬五千片羽毛。就連家雞也不是原本就裸露，在牠們陳列於超市的展示櫃裡之前，也是全身覆有羽毛地過生活。

不只如此，家雞是剛從蛋裡孵化的時候就已經長有羽毛了。一定有不少人曾經看過蛋殼裂開、很可愛很可愛的小雞覆滿了黃色羽毛隨之現身的誕生場面吧。牠們就是這樣被羽毛包覆著度過一生的。

這是因為家雞是早熟性的鳥。包含家雞在內，雞形目鳥類多半是在地上築巢。陸地作為資源在世界各地廣泛且豐富地分布，應該不至於會缺少築巢的地方，但這裡也是容易被活躍於地面的捕食者盯上的危險場所。剛誕生的雛鳥坐在巢裡一動也不動，就如同戴紅帽的美女向大野狼般的帥哥詢問去外婆家的路該怎麼走那般的愚蠢。

在地上築巢這種形式的鳥類，如果雛鳥沒有一出生即具備求生能力，就無法在艱困的世上存活下來。因為如此，牠們在孵化時，覆蓋著羽毛的腳部便已經很發達，而且能夠靠自己的力量到處走動。不只是雞形目而已，像雁鴨或鴕鳥等其他的地上築巢性鳥類，也是如此。

而另一方面，在樹上築巢的鳥類，則大多是以沒有羽毛的裸露狀態從卵中孵化。這稱為晚熟性。不論是鴿子、綠繡眼（*Zosterops japonicas*）或大白鷺（*Ardea alba*），牠們剛誕生時都是在瘦弱的身體上長著一顆大頭的外星人體型，是一種假如沒有特殊癖好就很難真心稱讚牠們可愛的外貌。樹上比起地面，是捕食壓力較低的場所。以毫無防備的姿態誕生在樹上的

綠繡眼和野鴿（*Columba livia*）
及大白鷺的雛鳥。
美醜只不過是主觀而已。

雛鳥，在牠們「人生」的最初幾天度過了「人生」最後的裸體日子，才再慢慢長出羽毛，獲得鳥類該有的外觀。

因為鳥類的天職是在空中飛行，所以會想要讓身體變輕。由於卵在被產下之前也是母鳥體重的一部分，所以也是能夠減輕就想盡量減輕的部分吧。若是早熟性的雛鳥，誕生時卵內的養分也有必要跟著變多。可能就是為了要讓卵變輕，晚熟性的雛鳥才是更好的，因為這樣可以讓用來成長的卵內養分維持在最低限度。早熟性鳥類一般是在地上或水上活動較為發達的鳥兒。因為如此，相較於把生活重心放在飛行上的鳥類，牠們若有暫時性的體重增加，負擔也相對較小，所以會以提高孵化後的生存率作為最優先的考量吧。

這樣想的話，家雞不但沒看過自己的，也沒看過戀人的裸體，就結束了自己的生涯。享用雞皮這件事，也就等於是享用沒有被任何人看過的祕密肌膚呢。

就算會站著也不會坐下來

要從被刺在竹串上的雞皮想像牠們生前的姿態，可能很難。在雞皮上所能看見的最大特徵，是稍微有點鼓起來的，一點一點的小小突起。

俗稱為雞皮疙瘩的小點點，是羽毛生長的基部。覺得很冷或害怕時出現在我們皮膚上的雞皮疙瘩原本也是毛孔，基本上可以把它們想成相同的東西。

鳥的皮膚是一年到頭都會起雞皮疙瘩的，但有時在那上面還會再有一層雞皮疙瘩。鳥類在寒冷時就會振動羽毛，讓自己變得圓鼓鼓的，這是為了要在羽毛下方儲存大量的溫暖空氣來當成隔熱材料。此外，有時在面對捕食者時，牠們也會把羽毛倒豎起來。這時，牠們的皮膚會為了讓羽毛直立而緊縮，雞皮上面的小突起應該會變得更醒目才是，那就是雞皮疙瘩的最高級 Torihadest[1] 狀態。

具有羽毛的現生動物只有鳥類而已。因為如此，事情也就變成可依照羽毛的存在來定義鳥類了。但若要把牠們的祖先包含進去，事情又並非如此。在被視為鳥類祖先的恐龍之中，也有像小盜龍（*Microraptor*）或帝龍（*Dilong paradoxus*）等具有羽毛的物種。在將其演化歷史加進考量之後，羽毛就成了不是只有鳥類才具有的特徵。最近，由於這樣的系統關係，會將鳥類視為恐龍的一個類群。但若是想配合這種時代潮流的變化而達到正確性，搞不好必須把雞皮疙瘩改稱為龍皮疙瘩才對。

不管怎麼說，雞的皮膚是雞皮，鳥的肌膚稱為雞皮疙瘩[2]，此事毫無疑問，但是並非鳥類的皮膚整體都有雞皮疙瘩。的確，除了喙部和腳尖、眼睛周圍以外，鳥的整個身體都被體羽所包覆，但是體羽並不是全身每一處都會長。

在鳥類的身體上頭，有長著羽毛的「羽區」以及沒有生長羽毛的「裸區」。以家雞為例，翅膀的內側或腹部等處就分布了裸區。由於包覆身體的體羽具有充分的長度，所以就算並沒有全身都長滿羽毛，也能不把皮膚暴露在外。

沒有羽毛的裸區，成了能把體溫直接釋放到外部的區域。鳥類和人類不同，無法經由排汗讓體溫下降。裸區的存在，是經由讓風通過此處來冷卻身體，應該具有防止體溫過度上升的效果吧。此外。孵蛋中的鳥類到了繁殖期時，胸部的羽毛就會脫落好讓裸區變大，讓這部位的血管變得更為發達。這個裸露部分稱為抱卵斑，由於讓皮膚直接和卵接觸，就能夠很有效率地把體溫輸送給卵，讓卵變暖。因為羽毛是優異的隔熱材料，所以要是有羽毛的話，卵就不容易變暖了。

正如從鳥皮也能夠知道的，家雞的皮膚不太有色素，是純色且偏白。家雞以外的鳥類也一樣，鳥類的皮膚一般而言都不是什麼醒目的顏色。既然被羽毛覆蓋住了，即使投注資源生成色素應該也沒人看到，所以在皮膚上加上鮮豔的醒目顏色，就像是明明沒有要約會

1 譯註：雞皮疙瘩的日文是Torihada，所以照英文比較級的最高級加了-est。

2 譯註：如前註，雞皮疙瘩的日文是「鳥肌」，作者在此意有雙關。

卻穿上整套的花俏內衣褲[3]一樣，是極無謂的行為。

只不過，鳥類的皮膚也不是絕對都沒有顏色。舉例來說，如果你曾經在詭異的電視購物頻道中購買過偶爾會販賣的透視裝置，請用它看看大白鷺或小白鷺等白鷺鷥類的鳥類皮膚內側。牠們的皮膚在從外側觀看時乍看普通，但是解剖剝皮後再看的話，就會發現內側居然是偏黑色。雖然有人可能會認為，牠們在別人看不見的地方穿了黑色內衣真是非常時髦愛漂亮，不過此事應該有其在適應上的意義。

鳥類的羽衣配色，大多是以背側的顏色深、腹側的顏色淺。深色的來源主要是黑色素，黑色素具有吸收紫外線的效果。由於容易遭受陽光曝曬的背側配置了較多的黑色素，就能夠防止有害的紫外線抵達皮膚。但是白鷺鷥卻無法達到這種效果，於是可能就以在皮膚上配置黑色素的方式，在牠們的最後防線上進行對紫外線的防禦。這麼說來，烏骨雞不但是皮膚，就連肉跟骨頭都變成黑色，可是牠們的羽毛大多也是白色。不是鳥類的北極熊，牠們的皮膚也是黑色。至於其他的白色鳥類是如何，這是我今後想要確認的。

美麗的鳥類沒有刺？

嘶嘶作響、慢慢燒烤到表面變得酥脆的雞皮是格外特別的。美妙滋味在口中擴散，不知不覺就忍不住把手伸向下一串。那個美味的來源是脂肪。雞皮是脂肪含量僅次於雞屁股的部位。根據食品成分資料庫，雞皮中的脂肪成分占了它重量比例的大約百分之五十。考慮到雞胸肉的脂肪只有大約百分之一這一點，就知道雞皮真的是減肥大敵。由於一般來說，鳥類的脂肪是貯存在皮下及內臟周邊，所以鳥皮有許多脂肪也是不得已的。

一般認為鳥類在皮下儲存脂肪也能夠成為冬季的防寒對策。前面已經說過羽毛是隔熱材料，與此同時，脂肪的隔熱效果也同樣優異。將它配置於最容易接觸外部氣溫的皮膚下面，應該就是打算藉此來溫暖地度過寒冷的冬天。

雖說如此，解剖野生鳥類時，鳥皮並不像可食用的雞皮給人那麼油膩的印象。大多數鳥類的皮膚是更薄、更白而更淡的。由於家禽是被品種改良成飼養用，又往往是還沒長成的中鳥，所以和一般的鳥類在形質上有若干差異。

很遺憾的，由於北京烤鴨很高級，我至今仍未獲得享用它的機會，不過北京烤鴨是鴨皮成為食材的主角。雖然最近比較不常見，不過各種野鳥的串燒當然也是連皮一起吃的。

3 譯註：在日文中，把（女性）預設約會當天可能會一起過夜時所穿的內衣褲稱為「勝負下著」，發音為「syou-bu-shita-gi」。

先不管那到底美不美味，但總之即使是家雞以外的鳥類，也有可能吃到牠們的皮。

不過，世界上有絕對無法推薦的鳥皮。那就是黑頭林鵙鶲（*Pitohui dichrous*）的皮。

黑頭林鵙鶲是分布於巴布亞新幾內亞的鳥類，具有黑色和紅色的刺眼羽衣。牠們不是只有外表刺目、看來一副有毒的模樣而已，實際上也是少數具有毒性的鳥類。牠們的皮膚和羽毛中含有箭毒蛙毒素（Homobatrachotoxin）這種凶惡的生物鹼毒素，要是吃進了這個，就一定會獲得搭乘三途川[4]河輪的招待券了。

不過，這種鳥類並非自身在體內生成毒性，而是藉由吃下有毒的擬花螢科（Melyridae）甲蟲以二次性地獲得毒性。因為如此，假如真的非常想要吃黑頭林鵙鶲的話，我建議最好是

這艘河輪不太熱鬧。

在餵食無毒餌食的乾淨狀態下飼養。

除了黑頭林鵙鶲以外，近緣的易變林鵙鶲（*Pitohui kirhocephalus*）或遠親的藍冠鶥鶇（*Ifrita kowaldi*）等分布於巴布亞新幾內亞的數種鳥類也具有同樣毒性。這種毒性在一九九二年發表於學術論文中。進行鳥類調查的學生在觸摸羽毛之後感覺傷口刺痛，成了發現此事的契機。據說他還順便把羽毛放在舌頭上，結果嗆得很慘，所以絕對不可以把不知道是什麼的東西放進嘴巴裡喔。

在哺乳類和鳥類中很少見到有毒物種。哺乳類中，大概只有鴨嘴獸（*Ornithorhynchus anatinus*）和溝齒鼩（*Solenodon spp.*）等少數獨特物種具有毒性，百分之九十九的物種都是無毒的。在鳥類中具有毒性的也非常少，有些介紹中會說只有上述位於巴布亞新幾內亞的那幾種鳥類帶有毒性。但是，實際上已知的還有其他有毒鳥類，例如鵪鶉和距翅雁等。

要是吃了鵪鶉肉，有時會顯示出名為鶉肉中毒症（Coturnism）的中毒症狀。鵪鶉的屬名是*Coturnix*，真的應該說是鵪鶉中毒（上癮）才對。這種中毒會引發急性橫紋肌溶解症，有時候還會導致肝臟障礙，相關事例似乎古時就已在《聖經》上被介紹過了。雖然原因尚

4 譯註：華人文化裡，死亡之後是要渡過奈何橋，在日本則是渡過三途川。

未確定，不過一般認為是源自於鳥類會吃的唇形科的野芝麻屬（*Lamium*），或是毛茛科的鐵筷子屬（*Helleborus*）等有毒植物。

幸好，其他鳥類身上並沒有找到同樣的毒素。這可能是因為吃下有毒植物的鳥類本尊大多都是死亡，所以一般狩獵中所捕獲的鳥類大概應該都是安全的。與此相反，以屍體狀態被發現的鳥類就有危險性了。就算是肉多又新鮮的屍體，最好還是不要撿回食用比較好。

※

雖然雞皮是非常美味可口的部位，不過還有和它一樣濃縮了美味的部位。鳥類日常生活中運動量特別大、導致變得非常結實的部位——頸部。接下來，要特別介紹一般被稱為頸後肉的這個部位。雖然有可能會有若干既視感，不過這也是因為這樣那樣的各種緣故。

轆轤、轆轤族[1]、最高級的轆轤族

脖子伸長長[2]

在現生生物中，脖子最長的動物，是轆轤首[3]。從她能夠在空中靈巧操縱那個長長的脖子看來，她的脖子內部一定被頸椎支撐得牢牢的。

不過話說回來，頸椎本身會伸縮也是非現實狀態。因為如此，她們的脖子實際上應該並不能伸縮，只是讓人有這樣的錯覺罷了，很有

1 譯註：轆轤族（rokura）是指愛轆轤的人。應該是像喜歡美乃滋（mayone-zu）的人稱為美乃滋族（mayora）那樣掰出來的。

2 譯註：原文為「クビノビール」（Kubinobiiru）。

3 轆轤首是長頸妖怪的一種，在日本江戶時代流傳甚廣，通常以女性形象出現，特徵是脖子可以伸縮自如，與井邊打水時控制汲水吊桶的轆轤在性質上頗為相似，故稱之為「轆轤首」。

可能是靈巧地把摺疊好的脖子隱藏在和服裡面。她們拒穿容易露出脖子及其周圍的T恤也是證據之一。隱藏可達距離的長度、讓獵物放鬆戒心再加以攻擊，是野生動物的常用手段。

正如前面所述，哺乳動物的頸椎一般而言是七塊，不過三趾樹懶卻有九塊。造物之神是容許例外的。轆轤首也是，雖然想以七塊頸椎把脖子折疊起來很是困難，不過只要數量夠多，也不是不可能。在遇到她們時，恭敬地邀請她們出來約會，一起拍一張MRI以便解析其骨骼上的特徵，是生物學家的任務。

把長長的脖子隱藏在衣服底下的這種方法，是鳥類的常用手段。被覆蓋在羽毛下的鳥脖子，乍看之下雖然不知長短，但其實相當長。牠們平時把脖子彎成S字形，收納起來的部分被蓬鬆的羽毛遮住了，所以並不引人注意，如此而已。即使是脖子看來很短的家

夜鷺（*Nycticorax nycticorax*）的脖子
可以出人意外地伸得很長。

燕，脖子長度也大約有身體長度的一半。假如換算成巨人馬場[4]的脖子長度，計算起來就是在四十公分左右啊。貓頭鷹之所以能夠把脖子轉到正後方，也是多虧了脖子的長度。

從外觀就能夠輕易確認脖子長度的是夜鷺類。你可能會認為既然牠們也是鷺鷥，脖子長乃理所當然，不過牠們在休息時的體型卻像蛋頭矮人[5]那般的圓圓胖胖鼓鼓。但是，只要一旦看到水中的魚，牠們立刻就會像轆轤首那樣地把脖子伸長，瞬間抓魚殺魚。為了不讓魚兒看出脖子長度而假裝無害的那副外觀，完全就像是英國諜報部的臥底調查警官啊。

鳥類的頸椎數目從九塊到二十五塊都有，差異很大。家雞則具有十四塊頸椎，是哺乳類的一倍。對於把前肢變成翅膀以適應飛翔的鳥類來說，頭部是代替手部的重要操作工具。而幫忙把頭部移動到各個地方去的，就是頸部的任務。由於鳥類的胸椎往往是癒合成一塊的，可動範圍狹窄，所以跟哺乳類比較起來身體很硬。相對於此，有著很多關節的長頸部就不單單只是支撐頭部用的底座而已，而是可以用來整理全身、獲取食物的柔軟運

4　譯註：日本知名的職業摔角選手，和另一位摔角選手安東尼奧．豬木相同，是讓職業摔角運動於日本流行的關鍵人物。生於一九三八年，逝於一九九九年。

5　譯註：蛋頭矮人（Humpty Dumpty）是英國《鵝媽媽童謠集》中出現的角色，原本坐在牆上，卻掉下來摔破了。不論是誰都沒辦法把他補起來。

動器官。

此外，保持史上最多頸椎數目的生物是名為亞伯達薄板龍（*Albertonectes*）的蛇頸龍，以總數七十五個傲視群倫。牠是不愧其長頸之名，全身長度的百分之六十都是頸部的，脖子最長的爬蟲類。

生活秀

以頸後肉之名在市面上販賣的是頸部的肉。嗯哼，好像在哪裡聽過這件事了。嗯哼。這樣說來，關於頸部的肉，在雞架子的段落中已經像配角般地介紹過它。但是由於它其實是很有存在感的，在此就再次重新把它當成主角來介紹。我現在用力地反省了我在前面所做的半吊子介紹，請忘了前面說過的事情吧。

頸部的肉比胸肉有彈性，愈咀嚼愈滋味無窮。家雞總是一邊上下擺動著頸部，一邊尋找掉落在石頭縫隙間的種子或小草嫩芽等，所以運動量也是不可小覷。假如是生活在狹窄雞舍雞籠中的家雞，身體中活動最多的隨意肌可能就是頸後肉了。頸肉的美味就是證明。

仔細看看頸後肉，會發現它的構造很像很多個湖池屋[6]的司康（scone）交纏在一起。和單純的棒狀肱骨或大腿骨等不同，頸椎有許多突起，形狀非常複雜。這個突起正是為了讓肌肉附著、做出巧妙動作的必須部位。也就是因為這樣，才使得頸肉很難從骨頭上剝除乾淨。因為如此，大多數的頸肉就被當成雞架子的一部分，安於被當成協助提升高湯美味的幕後功臣。

確實，頸後肉不但本身就很好吃，骨頭也能煮出高湯，並且保證是絕品好湯。但是頸肉本身的美味程度並沒有受到充分的認識，身為頸肉向上委員會的成員之一，我真是感到遺憾。

不知道你有沒有看過一部名為《生活秀》[7]的中國電影？劇中擺攤賣鴨頸的美麗女主人來雙揚做的鴨頸肉料理深深吸引了觀眾，甚至可以說讓整個中國都颳起了一陣

6 譯註：湖池屋創業於一九五八年，是日本第一家量產洋芋片的公司，「咔辣姆久」是這家公司的知名產品之一。

7 譯註：以中國作家池莉的中篇小說《生活秀》為原作拍攝的電影。而池莉則是以湖北省武漢市吉慶街鴨脖子店的女老闆劉瓊為人物原型寫作。

雙楊知名的鴨脖子。

鴨脖子旋風。那原本是中國湖北省的一道小吃，將鴨子的頸肉用祕傳醬汁滷煮之後再切段品嘗。由於啃食骨頭周圍的肉時很難維持高雅姿態，所以它在初次約會時千萬不能點的鴨肉餐點排行榜上一直保持不可動搖的第一名。但是，在若干辛苦之後，帶給味覺的報酬卻也格外特別。

Shake It Up, Baby 搖擺吧，寶貝

不只是家雞而已，在看到鴿子和鷺鷥的走路姿勢時，也會發現牠們的頭部在前後擺動。這個擺動頭部的動作是鳥類特有，在哺乳類和爬蟲類等身上可看不見。雖然日本傳統的紙糊民藝「張子」[8]老虎時不時就上下點頭裝可愛表示禮貌，不過那是上下左右式的擺動，所以並不一樣。

一般來說，捕食者的眼睛是朝向正面的。以此擴展兩眼視野重疊的範圍，眼睛便能夠立體地捕捉到獵物的身影。而另一方面，獵物的眼睛卻是長在頭部側面。雖然兩眼視野的重疊部分會變窄，但是一眼望去的可視範圍卻變寬了，這是讓自己能夠盡早發現盯上自己的捕食者的設計。

但是，此處有個問題。由於眼睛長在頭部兩側，所以只要在前進，視野所見的世界就會持續不停地移動。假如一直處於這種狀態中，光是行走就會感覺很像暈車或暈船一般。而且，眼中的畫面會失焦，沒辦法清晰地捕捉到標的物。對鳥類來說，在視野中捕捉食物是牠們最關心的事情。如果在步行時無法做到這件事，效率就會很差。擺動著頭步行是解決這個問題的劃時代方法。

移動時把頭伸到前方一步之處，讓頭的位置停在那裡，再把身體往前拉。然後，迅速地再讓頭移到前進一步的位置。這樣一來，映射在視野中景觀的移動時間就會縮到最短，並能讓畫面靜止。若是以身體為中心來思考的話，這看來確實像在擺動脖子。但若是考慮到它在功能上的意義，也可以說，脖子相對於世界是靜止不動的。以哥白尼式的體動說取代了亞里斯多德式的頭動說[9]，讓牠們的動作於焉誕生。

這種擺動頸部的動作，通常是走一步就做一次。但是與此相對的是鷺科的麻鷺（*Gorsa-*

8 譯註：「張子」是紙糊的民俗玩具，身體跟頭部分開，以鐵絲連結，所以在被碰到時就會上下左右地點頭搖頭。最常看到的是黃色的張子虎和紅色的張子牛。

9 編註：作者以亞里斯多德和（主要是）托勒密所主張的「天動說」還有哥白尼所提倡的「地動說」為比喻，分別將鳥類的頭部與身體（也就是頸部）比喻成身為宇宙中心的地球以及繞太陽公轉的地球。

chius goisagi），牠們有前進一步會動兩次頭的紀錄。而另一方面，紫鷺（*Ardea purpurea*）則有動一次頭會前進兩步的紀錄。雖然聽完這些以後可能會說，啊，那然後呢，有什麼大不了的嗎，不過真的也就只是聽聽知道了有這回事就好而已。

除了在地面上以外，鳥類只要一有機會都會點頭。秧雞科的紅冠水雞（*Gallinula chloropus*）和白冠雞（*Fulica atra*）漂浮在水面上時也會邊移動邊點頭。小鸊鷉則是會在水中邊游泳邊點頭。牠們點頭的理由應該跟在地面上步行時一樣吧。不論身處何處，鳥類都是能夠點頭的。

眼睛長在兩側的動物並不是只有鳥類而已。哺乳類中有馬和兔子、魚類有真鰺或鯖魚等，眼睛長在兩側的脊椎動物其實很多。但是會把頭點過來點過去的，確實都是鳥類。一般認為之所以只有鳥類會做這樣的動作，是來自於牠們的頸部長度及頸椎數量所做的貢獻。

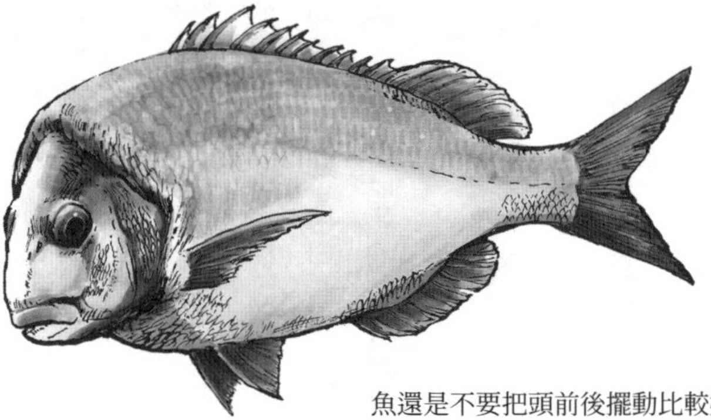

魚還是不要把頭前後擺動比較好。

頸椎只有七塊的哺乳類，頸部的柔軟性很低。長脖子的馬或長頸鹿通常也是把脖子直直伸長而已，很少彎曲。至於魚類，在前後擺動頭部的時候，頭部會縮進身體裡面，讓人每次看到都覺得不太舒服，食慾也會降低。點頭，是長度方面有其餘裕，且脖子很柔軟能夠彎曲的鳥類才能夠辦到的表現。

已經解說了這麼多，到現在才講這個好像有點遲了，不過並非只要是鳥類就一定都會把頭前後擺動地移動。黑背信天翁（*Diomedea immutabilis*）是一邊走路一邊把頭部咚咚地上下伸長縮起，不只看起來非常不自然，而且感覺似乎很難走路。鷺鷥也是在急起來的時候就不點頭，雁和鴨則是原本在步行時就不點頭。雁鴨的眼睛長在側面，而且是在地面上覓食。雖然如前面所描述的點頭理由那般，能夠說明得很有那麼一回事地來唬人的狀況是經常發生，不過也並不能完全說明牠們的行為。鳥類的行為還是存有非常多的謎團。

哺乳類的利己主義

構成鳥類頸部的並不是只有頸椎及包覆在其周圍的肌肉而已，那裡還有兩根管子貼在旁邊。那就是食道與氣管，和我們人類的結構是相同的。食道具有彈性並且軟趴趴的，沒有一定形狀的切面。而另一方面，氣管則是像薩克[10]的動力管般比較剛強的構造。

食道是從口部連接到胃部的管子，具有把食物搬運到體內的基礎功能。由於鳥類口中沒有牙齒，所以沒有咀嚼功能，就算是比較大型的食物基本上也是囫圇吞下去，這是野生的規章戒律。食道之所以好像有點靠不住似地不具特定形狀，也是因為擁有要讓大塊食物也能咻溜溜通過的柔軟度、由具有包容力的材質形成所致。

另一方面，氣管常常是硬朗地保持著內部的空間。理所當然的，鳥類不論是睡覺或醒著的時候都在呼吸。像鷺鷥等，有時會讓巨大無比的怪魚通過食道，雖然有可能會壓迫到氣管，但卻也不能因此而影響到呼吸。所以，為了要在任何時候都能確實地保護氣管，此處也有由軟骨所形成的堅硬構造。

在串燒店點軟骨時，店家端出來的通常會是滾來滾去的膝蓋軟骨。但若是細心靈巧的店家，則可以看見氣管被穿刺到竹串上。這部分也被稱為「Sa-e-zu-ri」（「鳴唱」之意）。當你愛上那種硬硬的嚼勁時，你一定也已經變成常客了。

從熱帶到亞熱帶地區繁殖的軍艦鳥，以牠們會鼓脹起鮮紅色的喉囊進行展示而聞名。由於是灌進空氣使喉囊膨脹，所以看起來很像是氣管應該負責的功能，不過這卻是食道的工作。因為再怎麼樣，氣管的構造都很堅硬，膨脹不起來。附帶一提的是這個喉囊，不論是要鼓脹起來或要把氣洩掉，都需要花到十分鐘以上，是個非常麻煩的東西。

在鳥類的食道中具有人類所沒有的，稱為嗉囊的部位。這是袋狀的器官，能夠暫時貯存食物。要是餵很多食物給寵物鳥或其他飼養中的鳥類，就會看到牠們的喉部鼓鼓地膨脹起來。那就是嗉囊。不過不只是鳥類，蟻類和蚯蚓等也有嗉囊，所以無脊椎動物也是不容輕視的。牠們的嗉囊所扮演的角色不只是食物貯藏室而已。以種子為食的金翅雀（*Carduelis sinica*）也會餵牠的雛鳥吃種子，但也有人認為，暫時貯存到嗉囊內有把堅硬的種子泡軟泡大的效果。

鴿子和紅鸛的嗉囊具有更為特殊的功能。牠們的嗉囊裡會分泌出稱為鴿乳或紅鸛乳的液狀物質。那裡面的蛋白質與脂肪的含量比人類母乳的含量還要高，會被作為養育雛鳥時的食物而吐出來。皇帝企鵝（*Aptenodytes forsteri*）的雄鳥也會分泌同樣的嗉囊乳。

哺乳類自認在這個太陽系中只有自己會以哺乳的方式餵養小孩而洋洋自得。而另一方面，在翻閱辭典時，會看到所謂的哺乳就是「以餵食乳汁的方式育幼」。這麼看來，不論鴿子或紅鸛都可以說是不折不扣地在哺乳啊。何況這些鳥類不論公母都能夠產生乳汁，在

10 譯註：鋼彈中的機動戰士之一。薩克的英文為ZAKU，全稱為ZAFT Armored Keeper of Unity，意思是「札夫特統一裝甲保護者」。

男女共同參與的這個部分，比起人類還要進步呢。哺乳類啊，要更謙虛。

※

那麼，在品嘗過各個部位之後，結果已經只剩下頭部了。既然如此，那就沒辦法了，來吃吃看吧。

畫龍點睛

有頭有尾的整隻請用

我看過大虎頭蜂吃綠繡眼的屍體。牠們在吃的並不是肉，而是在頭蓋骨上開一個很乾淨的洞，吃裡面的腦。猛禽類也會把牠們捕獵到的鳥的頭部打開，吃牠們的腦。牠們是美食家。

腦是均衡的營養食品。以人類的腦為例子來看，水分占七成、脂肪和蛋白質各占一成、剩下的是維生素和二十二碳六烯酸（Docosahexaenoic acid，略稱DHA），是由夢和希望，以及光明的未來所組成的。捕食者和萊克特博士會盯上這裡也可以說是很合理。

一般而言，哺乳類的骨頭很硬，頭蓋骨也不例外。也因如此，不論格鬥技或將棋都禁止用頭撞人。但是努力在輕量化方面精進的鳥類則不在此限，牠們的頭蓋骨是很軟弱的。

保護鳥類腦部的骨骼並不緻密。在把頭蓋骨切面放大來看的時候，和腦部相接的內側以及和皮膚相接的外側雖然具有板狀的平面構造，但內部卻是中空的，由海綿狀的構造所支撐，讓人聯想到腐海[1]深處的清淨層。託了這個構造之福，頭蓋骨才能很輕。

雖然當然還是有相當的硬度，卻不像哺乳類的頭蓋骨那般堅固。這塊骨頭的脆弱程度，在鳥類的骨頭中是跟胸骨並列，所以捕食者才能很輕易地就吃到鳥類的腦部。

但是，在街頭巷尾卻很難得遇到被當成食材的雞頭。確實，在串燒之中，並不會看到把鳥頭串成像丸子三兄弟[2]那般排在一起的模樣，也一點都不會想看。營養滿分、盔甲也很脆弱，然而卻沒有被充分活用，究其原因，應該是因為看起來讓人感覺很不舒服的緣故吧。結果，雞頭就只能被做成水煮罐頭，然後靜悄悄地被排列在寵物食品區了。

日文中的「鳥頭」是壞話。雖然頭是名副其實地位於家雞的頭部頂點，卻時不時地遭人貶低。在買全雞的時候，雞頭已經被去除了[3]，「結果只是想要身體而已吧」地遭人批評，也是無可避免。這次的任務，就是要幫鳥頭洗刷冤名、挽回名譽，讓人類知道它的地位。

鳥頭紀行

為了尋找鳥頭作為食材的價值而在海外各處行走的我，在婆羅洲的某間餐廳裡，終於和家雞的頭相遇了。已經去除了喙部的雞頭，和頸部一起整個酥炸後放在盤子上端出來。用高溫炸得酥酥脆脆的頭蓋骨很香，嚼碎以後多汁的雞腦咻哇地在口中擴散開來。只要去除先入為主的觀念，連頸椎都可以吃，非常適合拿來配飯。

在大自然中被看見的鳥頭是鳥類隱匿於世間時的假象。如果不看隱藏在羽毛下的真實頭部，就不會有真正的理解。我希望能有更多人能實際吃吃看雞頭。但要大家都到婆羅洲去，也是不太可能。品嘗美味雞頭這件事，以我個人來說已經得到了滿足，接下來，就回頭在日本國內進行探索好了。

雖然不是家雞，不過在說明頸肉的時候也介紹過鴨頭，那是湖北省的在地小吃食材。雖然能在店裡面吃的餐廳數量或許不多，不過這個在日本是有可能吃到的。當我趕快買來

1 譯註：日本知名動畫導演宮崎駿的電影《風之谷》中的場景之一。
2 譯註：〈丸子三兄弟〉是日本多年前非常紅的童謠。
3 譯註：日本的超市或市場中賣的全雞大多已經去掉頭和腳。

一瞧，發現滷得很入味的鴨頭被切成兩半。腦和眼球、喙部的鞘、顎部的肌肉等軟組織統統都刮下來吃。由於很不容易食用，在吃的時候就會變得很安靜。要是把吃松葉蟹時的閉嘴安靜程度當成1松葉的話，鴨頭大約就是3松葉。非常適合在跟很難聊天的上司一起吃中飯時點來吃。從這裡開始，希望大家能夠一邊啃著已經烹調好的鴨頭一邊閱讀。

在吃得很開心的時候，會感受到橫躺在盤子上的鴨子的虛無視線。原因在於牠們的眼睛是長在頭部的正兩側。一般來說，被掠食者的眼睛是長在側面來確保牠們的視野廣闊，以便盡早察覺掠食者的來襲。眼睛明明就是長在兩側，居然還能夠讓兩眼視線對得上，這是生物間的相互作用所產生出來的演化產物。

在鴨子的頭部，牠們眼球所在位置的眼窩寬度，占據了除喙部以外的頭長約三分之一。雖然從外觀看來會感覺眼睛似乎沒有很大，但是在那後面可是隱藏著大大的眼球。一般而言，鳥類的眼睛尺寸占了牠們的頭部頗大一部分，鴕鳥的眼球直徑就可以達到五公分。對於仰賴視力生活的鳥類來說，大眼睛是必備要件。眼睛的形狀並不是像眼球老爹[4]那樣的正圓形，而是像壓扁的甜饅頭那樣的形狀。為了要在有限的頭部空間中盡可能取得

4 譯註：知名漫畫《鬼太郎》主角鬼太郎的爸爸。頭部是一個大大的眼球，身體非常迷你。

酥炸鴨頭（白線圈起處）。虛線是原本喙部所在之處。

已經烹調完畢的鴨頭。白線圈起處：眼窩。白色箭頭處：耳孔。

足夠的水晶體直徑，應該是以這種形狀最為適宜吧。

在眼睛的後方下側有小孔。這是耳孔。由於鳥沒有外耳殼，所以人們平時看不見，但是牠們實際上有著耳孔。雖然由於不常看到，看不習慣的人可能會感覺有點奇妙，不過因為鳥類是用聲音溝通，所以有著很好的耳孔也是理所當然。雖然火雞等等頭看來有點禿的鳥類是在其生前也看得見耳孔，不過家雞和鴨子等等則是在成為食材之後，人們才首次一睹牠們的耳孔樣貌。

喙部是鳥類的外觀特徵之一。這和腦及眼睛所占據的頭部相較時，會感覺很軟弱無力。喙部的主要構造是由薄薄的骨頭所組成，在骨頭上面覆蓋著角質的鞘。由於角質本是既堅硬又很輕的材質，直到現在才能夠將它煮得很軟。如果占據了頭部前半的喙部重量對應了它的體積而變得很重，肩膀就一定又痠又痛，非常僵硬吧。但因為喙部是以角質從外部補強、讓內部成為中空，就能夠達到輕量化的目的而防止肩膀僵硬疼痛，所以不需擔心。再加上鞘會因為代謝而時常更新，即使由於頻繁使用而磨得薄了，也還能維持銳利與結構，是很大的優點。

鳥類的喙部不單單只是食物的入口而已，也是夾起食物、編織築巢、理羽等的指頭替代器官。因為如此，就會配合各個物種的生活而演化出各種不同的形態。鴨子的下喙部外

喙部的前端。花嘴鴨（上）及山鷸（下，*Scolopax rusticola*）。真是森羅萬象。

側呈洗衣板狀，這是源於其原種的綠頭鴨，它的形質被直接保留了下來，是有利於切斷水草等的構造。

把喙部的鞘拆掉之後，骨頭就會露出，並看到在上喙部的前端部分開著小洞。這是讓神經通過的小洞。鳥類的喙部前端成為人類指尖般的感覺器官，或多或少都開著神經孔。在雁鴨類或鷸類等身上，孔的密度又特別高，那是由於牠們往往只有把喙部伸進水面下採食，比起視覺，更依賴觸覺來探索。會把喙部插進地裡面的洞去覓食的鷸類，也以具有數量多的神經孔而為人所知。另一方面，在看雞頭的罐頭時，則會發現家雞的喙部之上，孔的密度很低。在主要依賴視覺尋找食物的物種上面，喙部的觸覺並不發達。

比赤還要紅

那麼，的確，在串燒店中雖然看不到雞頭三兄弟，不過實際上也有部分活用雞頭的場合。那就是稀少部位之一的冠，也就是雞冠部分。

雞冠是由富有彈力的柔軟組織形成的。雖然也稱為肉冠，不過與其說是肉，還不如說是膠原蛋白的團塊，所以要是開始在意膚況，就很推薦嘗試。

由於雄性的雞冠遠大於雌性，所以一般認為這是用來對雌性展示用的裝飾。身為家雞原種的紅原雞，雄性的雞冠成為健康狀態的指標，已知的是，如果牠們腸內的線蟲等寄生蟲多的話，雞冠就會變小。

此外，如果雄性荷爾蒙睪固酮的量很多，雞冠就會大型化。家雞雞冠的紅色深淺會受到寄生蟲數量的影響，這件事也已被大家所知道了。這表示，只要選擇雞冠又大又帥氣的個體，就能夠獲得健康又強壯的雄性。超人力霸王七號要是進去養雞場的話，應該會讓母雞們興奮到整場都很熱鬧吧。

只不過家雞睪固酮多的話似乎也有風險，免疫力會下降，增加感染寄生蟲的機率。這是將有限的資源用來維持體力，或用來表現帥氣之間的交易。雖然用身體健康來交換展示外表就像是跟惡魔訂定契約一樣，不過體弱多病的沖田總司[5]出乎意外地非常受女性歡迎，嗯，欸，這種戰略可能還是存在的。

讓雞冠顯現紅色的主角是血液。透過透明的皮膚從外面看見紅色的血液，就讓雞冠呈現鮮豔的紅色。而另一方面，由於一旦把血放掉，雞冠的顏色就會在轉瞬之間變成白色，所以在串燒店端出來的雞冠都不是紅色的。

以血液發色，在鳥類身上並不少見。被視為祥瑞之鳥的丹頂鶴（*Grus japonensis*），牠的頭部紅色也不是羽毛的顏色，而是有顆粒的充血皮膚裸露在外。火雞的臉雖然是藍色的，但這是由於血液並不是只有血紅色，另外也含有藍色色素的血青素（hemocyanin）的關係。由於毛細血管的構造製造出濃度的梯度，才讓藍色血液充血而發色。

此外，把雞冠用開水稍微燙過之後切成薄片，沾點醋醬油及芥末醬來吃，那種脆脆的觸感會讓人著迷。

稍微調查一下之後，我發現在義大利菜裡面好像也會用到雞冠。例如先用番茄醬煮過再放到義大利麵裡等等，雞冠經常被活用。由於這是一種沒有特殊味道的食材，才能夠這

5 譯註：沖田總司（一八四二—一八六八年），江戶時代後期的新選組隊士，也擔任劍術指導。

樣多元地使用。

不可以說壞話，絕對

為了想知道鳥類的頭部還有沒有其他被食用的部分，因而到前述賣鴨頸的店鋪逛時，我發現還有另外一個部位。那就是鴨舌。

舌頭在鳥類的身體中也是配合覓食生態而適應演化的部位之一。鴨舌配合喙部的形狀變得又寬又長，和人類的舌頭很像。這種形狀在鳥類裡是很罕見的。

日本樹鶯（*Horornis diphone*）的舌頭是很細的銳角三角形、綠繡眼和棕耳鵯的舌頭是像掃帚前端的刷狀、金翅雀的則是像竹槍般堅固。一般認為這些都是個別為了適應吃昆蟲、花蜜、種子而演化出來的形狀。特別是刷狀的舌頭可以增加表面積，能夠很有效率地採蜜，是讓人感受到演化之妙的形態。

由於被烹調好的鴨舌已經喪失了表面的微細構造，所以我們就無法看出它本來的樣貌了。但是假如我們趁綠頭鴨或花嘴鴨在水面上邊漂浮邊打呵欠的時候仔細觀察，就會看到牠們舌頭的兩邊排列著毛毛的鬚狀構造。這些雁鴨類應該是為了要在水中吃浮游生物等而

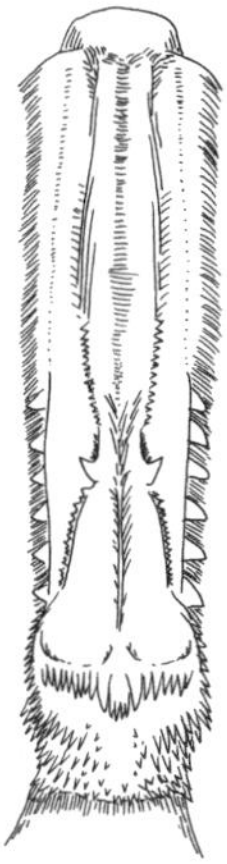

左｜花嘴鴨的舌頭刺刺的或毛毛的，
不論多細微的食物也不會放過。
上｜綠繡眼的舌頭是刷狀。

用這些鬚來過濾水，收集細小的食物吧。鬚鯨也是用同樣的方式覓食。

在雁鴨的舌根長著無數的刺，這件事在已經烹煮好的舌頭上也能夠確認。在把口中的食物送往食道時，那些刺具有止滑作用。由於以昆蟲為食的日本樹鶯和棕耳鵯等等只有一對比較大的反摺而已，鴨子的刺，果然還是為了吃到小型浮游生物所做出的適應吧。此外，企鵝的舌頭整體都長滿了刺，假如有去動物園，請一定要多加注意。

在吃鴨舌的時候，最享受的是肉質的結實美味。由於那是在每天覓食時都很活躍的肌肉，所以一直都有受到鍛鍊。張大了嘴一口咬下去時，牙齒會碰到細碎的骨頭，那是舌骨。相對於人類的舌頭是成塊的肌肉，鳥類的舌頭則有細長的骨頭。雖然包含菜鴨在內的雁鴨類具有肌肉質地的舌頭，面積也比較大，不過多數的鳥類是相對於牠們的細長喙部而有對應的細長舌頭，肌肉的量也是在最小限度之下。託了成為支柱的骨頭之福，自在操縱細長的舌頭就變得可能了。

像以上這些，鳥類的頭部雖然是維持思考、視覺與聽覺並負責覓食的重要器官，不過都被塞進狹小的空間裡頭。這實在是個複雜又不可或缺且味道深邃的器官，請大家今後不要隨便以輕蔑的口吻稱呼鳥頭。

就像這樣，雖然我是打算要幫頭部代言來論述它的價值，但是作為當事者的家雞麥克卻有不同意見。牠的本名是Mike. the. Headless. Chicken，也就是無頭雞麥克。

那是一九四五年，麥克的頭部在要被做成晚餐時切了下來。但是牠卻遲遲不死，就像平常那般，以不存在的頭部持續啄著牠的食物，如同空氣吉他那樣的空氣啄食。牠的飼主最後放棄了拿牠當晚餐的念頭，在那之後，還繼續飼養了牠一年半的時間。飼主用滴管把水和食物從殘留在頭部斷面的食道處餵食麥克，據說最後牠的體重還增加了三倍左右。

即使沒有了也還是過得去，就是因為如此，才會被說是鳥頭。要是自己不多加小心的話，就算幫牠們辯護也是效果有限。

※

那麼，這樣一來，就已經把家雞從頭部到腳尖為止，能吃的部分大概都吃完了。接下來，終於到了最後的總結。從家雞誕生，肩負著編織出家雞未來任務的角色，蛋。讓我們一邊吃它，一邊在到底是先有雞還是先有蛋的這個問題上做個結論吧。

這麼說來，在我忘記之前，有件一定得講的事。火雞的血液是藍色的，這件事我是亂說的，請千萬不要相信。

後記　是先有蛋，還是先有雞

沒有例外的規則是不存在的

一般來說，哺乳類是胎生的，但是鴨嘴獸和針鼴科的四種動物卻是卵生。爬蟲類和魚類雖然大多數是卵生，卻也有著日本蝮蛇（*Gloydius blomhoffi*）或五脊虎鮋（*Sebastes Inermis*）等卵胎生[1]物種。生物的演化是實驗的歷史。被多樣的環境變化所支配與玩弄之下，有時也會演化出特殊的戰略。

但是到了鳥類這裡，卻不允許例外。所有的鳥類統統都是卵生，就算是在化石裡也沒找到卵胎生的物種。不論企鵝或烏鴉天狗[2]，都是產卵的。

1　譯註：現在已經把卵胎生都算成胎生了。

「鳥類是卵生」這條規則沒有例外。鳥類勝過了俗諺。但是，「規則沒有例外」此事的存在，便意味著「規則沒有例外」這條規則是有例外的，最終就等於這條規則想要述說的道理本身。也可以說是表面贏了比賽卻輸了勝負。

那麼，孫悟空完全逃不出如來佛祖的掌心，也是由於鳥類是產卵的錯，這也是沒辦法的事，因為，總而言之，鳥類總是把飛行的效率視為第一優先，此事不會改變。

卵生和胎生的最大差異，在於把孩子維持在體內的期間。卵生的母鳥在受精結束後就會盡快把卵排出體外，透過之後的孵蛋讓細胞持續分裂、促進發育、讓雛鳥在殼中逐漸成形。還在母鳥體內時，只是把準備好的材料用殼包起來而已，個體的成長是在體外進行的。

對鳥而言，體重增加是很大的負擔。以胎生或卵胎生來說，當發育是在很安全的體內進行，初期的生存率雖然會變高，但是花在飛行上的代價卻會變大。卵生則可以說是把體重增加抑制在最小限度的功能。

即使是不會飛的鳥類，也沒有從卵生的束縛中被解放的物種。就連《風之谷》中的鳥馬[3]也是產卵的。祖先用來交換飛行而讓身體所受到的詛咒並不是很容易就能夠解開。

其中又特別努力的，是紐西蘭的鷸鴕（奇異鳥）這種在地面徘徊走動的鳥類。和牠們同名的水果在演化上也備受讚賞。由於不會飛行，牠們在體重的限制方面獲得了解放，卵變得很巨大，甚至可達體重的百分之二十五。因為卵愈大，誕生的寶寶也愈大，其後的生存率應該也會變高。我可以預言，照這樣下去等個一百萬年左右，這種鳥應該會演化成卵胎生。要是牠們到時仍舊保持卵生，我可以辭職不當鳥類學家。

不把蛋打破就無法製作蛋包

洛基（按：席維斯．史特龍主演的英雄電影角色）把好幾顆生蛋打在玻璃杯裡，大口大口地喝下肚。對我

2　譯註：烏鴉天狗是日本的傳說生物，身穿山伏這種在山中修行的修驗道行者的裝束，卻有著烏鴉般的嘴和臉，而且能夠自在飛翔。

3　譯註：鳥馬的日文是「クイ」，是宮崎駿動畫《風之谷》的主角座騎。鳥馬是有人那麼高的巨大鳥類，不能飛，但是能在地面上疾馳。有呼應同伴的死亡而產卵的習性。

鷸鴕對卵投資過高。

這種從小到大一直聽說雞蛋一天最多只能吃一個的人而言，那就和卓別林的皮鞋（按：卓別林在《淘金記》裡將皮鞋煮來吃）一樣，是讓我非常震驚的革命性飲食畫面。

卵是營養完整的食物。這也是應該的。受精卵在蛋殼裡的小小空間裡成為雛鳥，這表示，用來從無趣的細胞長成一隻鳥所必要的營養，全部都包含在卵裡面。

鳥的卵是由蛋黃和蛋白組成，至於喜歡蛋黃還是蛋白，就好比問別人是不二子派或克蕾莉絲派[4]一樣是永遠的大哉問。不過也如同說來說去但結果總是傾向不二子那般，對鳥類而言最重要的當然是蛋黃，蛋白只是守護蛋黃用的緩衝材料。

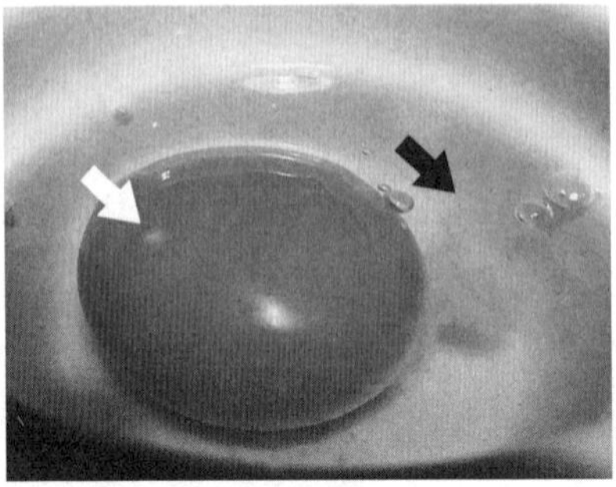

白色箭頭指向的白點是囊胚，
黑色箭頭指向的陰影是繫帶。

在蛋黃裡可以看到顏色很淺的小小圓點。這是囊胚，也是將來會成為雛鳥的部分。蛋黃的其他地方都是用來讓小小圓點長成雛鳥的營養庫。由於一般在市面上販賣的蛋都是未受精卵，和受精卵比起來，雖然囊胚的尺寸比較小，不過仍舊能夠以目視來確認。而且蛋黃還不單單只有營養方面的功能，讓蛋黃呈現出裡面的橘色的類胡蘿蔔素，還具有提高對ＤＮＡ的保護等、使其不受氧化的免疫功用。

在蛋黃的邊邊有著朦朧的白色繩狀繫帶，這是把蛋黃固定在蛋白正中央所使用的器官。雖然這個日文字的發音也可以直接寫成漢字「殼座」，但其實它是源自拉丁文的外來語。

在蛋殼的表面開著許多的小洞。雖然肉眼很難看見，但若以數位相機放大近攝，就很容易觀察到了。這些是讓雛鳥得以在卵內呼吸，或是讓卵內的水分蒸發所用的氣孔。家雞的卵從孵蛋開始，大約二十天就會孵化。就算是雛鳥，如果在這段期間一直憋著氣關在裡面，也會產生幽閉恐懼症吧。為了要消除這樣的不安，就開著交換氣體用的氣孔了。[5]

氣孔的密度會根據鳥類的棲息環境而異。在乾燥的環境下，為了不讓蛋裡的內容物乾掉，孔洞的密度就低；在濕潤的環境中，則會為了能夠高效地釋放水分而變成高密度。如果想要確認這點，觀察在乾燥環境中演化的鴕鳥應該就很適當。有機會到莽原去的話，搏命從鴕鳥那裡借顆蛋來觀察，也是很好玩的啊。

4　譯註：不二子和克蕾莉絲都是卡通動畫《魯邦三世》中的主角魯邦很喜歡的女生。不二子是常態性出現的偏反派，克蕾莉絲則是在《魯邦三世》系列電影第二部《魯邦三世．卡里奧斯特羅城》中的清純型公主。此外，這部也是宮崎駿首次執導的動畫長片。

5　編註：這是作者的玩笑，誤當真。

順帶一提，蛋雖然是用來把孩子留給下一代用的，不過一般市面上販賣的雞蛋都是未受精卵，所以不論怎麼抱卵孵蛋，最多最多也只能製造出溫泉蛋。但是火雞的未受精卵卻以開始有三到五成的孤雌生殖（按：亦稱單性生殖）而為人所知，雖然有大半會在發育途中就死亡，但其中偶爾也有能夠平安長大的個體。由於若是隨便幫火雞蛋保溫，事後就有可能會一直懷著罪惡感與後悔感，所以在找到火雞蛋時請多加小心。

彩色的蛋會生出彩色的雛鳥

雞蛋、皮蛋、鵪鶉蛋，即使是在日常生活中的一般銷售管道都能看到的這些蛋，在外觀上也有很大的差異。雞蛋除了白色以外也有紅色的。被用來製作皮蛋的鴨蛋會根據品種不同而有白色或淺藍色的。另一方面，鵪鶉蛋的特徵則是蛋殼上有紋路。

野生鳥類也會在蛋的顏色上有許多變異。貓頭鷹或鸌等等的蛋是純白的、灰椋鳥或綠繡眼等會產下白中帶點淺藍的蛋、日本樹鶯的蛋則是巧克力色、麻雀或家燕則會像鵪鶉那樣產下有紋路的蛋。

蛋殼是由碳酸鈣形成，若是沒有特別的色素，就會呈現白色這種基礎色。紅色系的顏色是來自原紫質、藍色系的顏色是來自膽綠素，它們都是源自於紅血球中血紅素的色素，鵪鶉蛋的紋路則是來自名為紫質的色素。

若想把下蛋所耗費的力氣降到最低限度，就以白色最為適當，但是白色的蛋卻很顯眼，應該很容易被捕食者發現。雖然穴居性的啄木鳥和翠鳥，還有在產卵後親鳥立刻就開始孵蛋的麻鷺等都會產白色的卵，但牠們的卵是藏在別人看不見的地方，所以保護色的必要性應該很低才對。由於白色就算在昏暗的場所也很醒目，對穴居性的物種而言，應該也具有防止親鳥不小心踩踏上去的效果。生活在南方島嶼的信天翁或白腹鰹鳥（*Sula leucogaster*）等也會產白色的卵，在島上，由於捕食者少，即使蛋很醒目也沒有問題，而且應該也具有能夠反射陽光、避免自己的蛋變成煮蛋的功效才是。

野鳥的蛋。哪個蛋來自於哪種鳥的是祕密。

茶色的蛋比白色低調，這成了保護

色。在地上築巢的環頸雉或銅長尾雉（*Syrmaticus soemmerringii*）的卵會呈現若干的褐色，這在安全方面應該很有幫助。不只如此，這種色素似乎也顯示出對有害微生物的抵抗力。紅色的蛋是由有潔癖的親鳥所產下的抗菌素材。

雖然日本樹鶯的蛋是漂亮的巧克力色，但這可能在托卵方面也具有策略上的意義。杜鵑類會把自己的卵產在別種鳥類的巢中，而這對於被托卵的鳥類而言實在很受不了，於是就演化出能夠分辨自己的卵的機制。由於和日本樹鶯的蛋具有相似顏色的鳥大概只有森永大嘴鳥而已，所以如果被產白色蛋的鳥類托卵了，應該就能夠分辨出來吧。

但是，當吉翁研發了薩克之後，聯邦也開發出鋼彈[6]。對日本樹鶯托卵的小杜鵑（*Cuculus poliocephalus*）為了要欺騙日本樹鶯，就演化出與其酷似的巧克力色蛋。當然日本樹鶯也提升了自己的識別能力，要是有可疑的蛋時就會棄巢而去。兩者之間持續進行著永遠的軍備競爭，不論何時都還是會有新．吉翁或吉翁的殘餘黨羽登場。這麼一來，日本樹鶯就產下了更深巧克力色的蛋，小杜鵑也不落人後地再產下黑巧克力色的蛋。此外，小杜鵑也會把紅色的蛋產在會下白色蛋的鶯類的巢中，不過鶯類卻會蠻不在乎地把小孩養大。由於即使如此牠們也沒有滅絕，所以我非常同情日本樹鶯的努力。

小白鷺、夜鷺和蒼鷺（*Ardea cinerea*）等等的蛋是淺藍色，跟白色一樣非常醒目。由於牠們是在樹上集體繁殖，無論如何巢都非常搶眼，所以可能根本一開始就沒有打算要隱藏。為淺藍色的卵注入色素的膽綠素具有抗氧化效用，只不過抗氧化效用對蛋究竟有什麼幫助，此事仍不清楚。

另一方面，鴴鷚型的斑點卵對捕食者的偽裝效果則很值得期待。在開闊的河邊砂礫地面築巢的小燕鷗（*Sterna albifrons*）或劍鴴（*Charadrius placidus*）的斑點卵，就像M&M's的巧克力豆那般，無法很輕易地分辨出來。

不過，像草鵐（*Emberiza cioides*）或紅頭伯勞（*Lanius bucephalus*）等在樹上築巢的物種也會產斑點卵。由於牠們的巢也是由枯草或樹枝等褐色材料製作的，所以應該比白色卵的隱蔽性高吧。不僅如此，斑紋應該也讓牠們能夠分辨自己和別種鳥類的蛋之間的差異。草鵐或紅頭伯勞等會被杜鵑托卵，由於蛋上的斑紋在每個個體上都有不同的特徵，所以一般認為那應該具有容易和托卵加以區分的效果。雖然平時並不會被托卵的日本山雀（*Parus minor*）或麻雀等等的蛋上也有斑點，但那也有可能是因此成功阻止被托卵的最後防線。因為蛋上斑點的形式即使在同種之內也會有個體差異，所以不只是杜鵑類而已，在防止同種之內的

6 譯註：吉翁、薩克、聯邦等全都是鋼彈哏。作者以此比喻道高一尺，魔高一丈。

托卵方面，應該也能派上用場才對。

雖然蛋是根據物種而具有多樣的色彩，不過它們的外觀則是以視覺辨識性、抗菌性、對托卵的防範性、隱蔽性等為原動力演化而來。

生金蛋的鵝

話說最近有件事情讓我大受衝擊，那就是胡蜂和熊蜂居然會幫牠們的卵加溫孵蛋。雖然確實也有像負子蟲、負子蟾或螃蟹那樣會保護卵的動物，不過牠們只有保護卵而已，並沒有幫它們加溫孵蛋。因為，牠們根本就是外溫動物啊。

但是同為外溫動物的蜂，卻會藉由翅膀肌肉的運動來發熱、暖蛋。光是加溫，就能夠讓孵化提早。雖說如此，卵是被分別收納在蜂巢中的小小蜂房裡，即使是一般的孵蛋，每次也只能幫一個卵加溫。於是蜂后就孵著支撐蜂巢的軸，讓巢整體的溫度升高。那是中央暖氣系統的加熱方式啊。與其說是孵蛋，還不如說是孵巢，真是令人嘆為觀止。

雖說如此，除了一部分的例外，幫蛋加溫的行為很少見，甚至可以說是鳥類才有的特定行為。在蜂的例子中，只要加溫就能夠讓孵化提早，但是就算不加溫，幼蟲也總是會孵出來的。而在另一方面，以鳥類而言，若是不加溫，雛鳥的發育就不會進行，所以就得積極地以自己的體溫來抱卵孵蛋才行。

在現生動物中，和鳥最近的近緣類群是鱷魚。牠們把卵埋在地裡，以太陽的熱能等等來加溫。由於現生爬蟲類是外溫動物，體溫幫不上忙，而且要是一個不小心發揮了母愛，恐怕也會因為自己的體重而把蛋壓扁，陷入自我嫌惡的地步吧。

那麼，鳥類的孵蛋行為是從什麼時候開始的呢？答案是中生代，當時鳥類還是恐龍。鳥類是由恐龍演化而來的，近來此事已被廣為接受了。然後針對恐龍卵殼或巢的化石的研究也顯示出，作為鳥類直接祖先的獸腳類恐龍是會孵蛋的。而另一方面，一般認為出自別的系統的蜥腳類恐龍等等會像鱷魚那般把卵埋到地裡，靠地熱或發酵熱來加溫，可以說是一種更原始的方法。

恐龍的祖先原本就是外溫動物。但是人們認為，鳥類的直接祖先獸腳類恐龍是在演化成鳥類前就已經獲得了內溫性。因為如此，就透過使用體熱抱卵來施行有效率的孵化。然後在牠們之中也出現了不會一次產下很多顆卵，而是一次生一顆的形式的物種。

此外，獸腳類也以演化出具有原始形態羽毛的恐龍而聞名。對於獲得內溫性的恐龍來說，羽毛應該是維持體溫的必要條件才對，只不過牠們還不知道這些特徵會誘發出之後的飛行這種特殊行為。

由於孵蛋行為能夠促進短期內的發育，所以親鳥被束縛在巢裡的時間就能夠縮短。這件事情也意味著鳥類的最大弱點、亦即不能飛行的時間可以縮短。不一次把卵集中產下的特性就表示不需要在體內同時收納許多顆蛋，也就能夠把親鳥增加的體重抑制在最小限度。此外，有助於維持體溫的羽毛，最終就形成了翅膀的形狀。正是由於不在空中飛行的恐龍很偶然地具備了這些條件，才能讓鳥類演化出飛行這種特殊行為，以及翅膀這個飛行器官所必要的輕盈性質。

當然，不是只有孵蛋行為或羽毛而已。可以說正是因為獸腳類恐龍以兩腳步行、具有長而彎曲的頸部、以腳尖四處跑動，才讓現代的家雞也具有同樣的性質。

從爬蟲類演化而來的恐龍，開拓了後來的飛行演化之路。以現生動物而言，近緣的鳥和鱷魚實在不能說是長得很相似，但卵卻是將牠們加以連結的共通點。「個體發育史是系統發育史簡短而迅速的重演」，這是直接了當地表現海克爾的個體親緣重演理論（Recapitulation theory）。從鳥類發育到成體為止的路徑中，可以窺見演化的歷史。

被產下的小小細胞，在蛋裡面從原始的樣貌成為雛鳥。被絨羽包覆著不能飛的恐龍，最終會獲得飛羽而變成完整的鳥類姿態。當迎來了該來的那一天，牠們終將在空中飛行，成為我們所知道的「鳥」。

鳥類學家的餐桌

我們在日常生活中順理成章地吃著雞肉。在進食的時候，能夠很清楚地觀察到那些肉的構造、能夠檢視附著在肉之上的骨頭形態。然後，只要吃著各個不同部位的肉，可能也可以從最近的距離掌握住鳥類姿態的全貌。

家雞是被家禽化了的特殊鳥類沒錯，但是，在牠們的體內，也清楚地記錄了牠們作為可以在空中飛行的生物，也就是鳥類的演化路徑。

如果想要問是先有雞還是先有蛋，那個答案其實很簡單。正如在本書開頭所敘述的，家雞是人類培育出來的家禽，歷史距今尚且不滿一萬年。而另一方面，身為家雞祖先的紅原雞當然也是會產卵的了。這麼一想，先有蛋是不會錯的。但是對鳥類學最有意義的重點，比起雙親、比起蛋、比起任何事物，一定都是在於無法在空中飛的恐龍是最先存在的。

不會飛的鳥類的祖先，具有誘發飛行的條件。事實上，在超過一億五千萬年的從前，牠們在空中舉起翅膀時，也嘗試進入了未知的世界。但是在飛行方面仍屬初學者的那副身體，還殘留著祖先的痕跡。有牙齒的嘴巴、多肉的尾部、沉重的身體，並不是一瞬間就能像老鷹般自由自在地飛翔。那是花了非常漫長的時間，至今才千錘百鍊地演變出用來在空中飛翔的形狀。

我們的餐桌上，極為簡單地介紹了這些成果。在純白色的桌布點綴之下，坐鎮在漂亮時髦的瑋緻活（Wedgwood）餐具中的，單單只是營養來源而已嗎？不，在那裡有不輸給博物館的無限多情報，有久遠到我們無法估算的漫長演化歷史，不停不停地在等待我們發掘。

就讓我們把書本放下，開始用餐吧。

那麼，讓我很恭敬地說聲「我要開動了」。

本書是以在《科學》雜誌上連載的專欄「鳥學廚房」（二〇一四年九月號—二〇一七年七月號）為主再增潤修訂而成的。

主要參考文獻

Thor Hanson，*Feathers: The Evolution of a Natural Miracle.*（《羽——進化が生みだした自然の奇跡》，白揚社，2013）

Tim Birkhead，*The Most Perfect Thing: Inside (and Outside) a Bird's Egg.*（《鳥の卵——小さなカプセルに秘められた大きな謎》，白揚社，2018）

松岡廣繁（總指揮），《鳥の骨探》（鳥的骨探），NTS，2009

犬塚則久，《恐竜ホネホネ学》（恐龍骨骨學），日本放送出版協會，2006

Rainer Flindt，*Amazing Numbers in Biology.*（《数値で見る生物学》，丸善出版，2012）

Frank B. Gill, *Ornithology.*（《鳥類学》，新樹社，2009）

小林快次，《恐竜は滅んでいない》（恐龍並未滅亡），角川新書，2015

盛口滿，《フライドチキンの恐竜学》《吃炸雞也能搞懂恐龍：餐桌上的骨頭充滿進化之謎》（世茂，2010.3.25），Softbank Creative，2008

Alan Feduccia，*The Origin and Evolution of Birds.*（《鳥の起源と進化》，平凡社，2004）

Lovette, I. J. & Fitzpatrick, J. W.（2016）*Handbook of Bird Biology* 3rd ed. Wiley.

Hartman, F. A.（1961）*Locomotor mechanisms of birds.* Smithsonian Institution.

Kaiser, G. W.（2008）*The Inner Bird: Anatomy and Evolution.* University of British Columbia Press.

Dyce, K. M., Sack, W. O. & Wensing, C. J. G. *Textbook of Veterinary Anatomy.*《獸医解剖学第二版》（獸醫解剖學第二版），近代出版，1998

鈴木隆雄、林泰史，《骨の事典》（骨頭事典），朝倉書店，2003

Proctor, N. S. and Lynch, P. J.; With selected drawings by Susan Hochgraf（1998）*Manual of Ornithology: Avian Structure and Function.* Yale University Press.

並參考了其他為數眾多的論文。

川上和人

森林總合研究所主任研究員。實際職稱為「國立研究開發法人森林研究・整備機構森林總合研究所森林研究部門、野生動物研究領域鳥獸生態研究室主任研究員戰略研究部門、生物多樣性研究據點併任」。但是由於記不住，所以平時都加以省略。目前職稱長度為六十七個日文字（六十九個中文字），為了不想輸給壽限無*，今後也想加以精進。專長為小笠原群島的鳥類演化與保育相關研究。著作有：『トリノトリビア 鳥類学者がこっそり教える野鳥のひみつ』（西東社）（《和路邊的野鳥做朋友：超萌四格漫畫，帶你亂入很有戲的鳥類世界》，漫遊者文化）、『鳥類学者だからって、鳥が好きだと思うなよ。』（新潮社）（《鳥類學家的世界冒險劇場：從鳥糞到外太空，從暗光鳥到恐龍，沒看過這樣的鳥類學！》，漫遊者文化）、『そもそも島に進化あり』（技術評論社）（《其實島嶼也會演化》）等等。

＊譯註：「壽限無」的全文有一百零五字，是日本很有名的落語（單口相聲）段子，描述一位父親請和尚幫剛出生的兒子取個吉祥的好名字，和尚列出許多吉祥話給那位父親挑，結果父親乾脆把所有的吉祥話都用上，讓孩子有了日本最長的名字。當小孩跟別的小孩打架，把人家頭上打腫了一個包，來告狀的小孩在講完壽限無的名字的時候，頭上的腫包都已經消了。在表演這個落語時就是這樣一直重複名字。通常日本的小朋友在小學低年級或是幼稚園時就會背壽限無玩了。

此外，壽限無就是壽命無窮盡，希望能夠長命百歲的意思。

全文為「寿限無／寿限無／五劫の擦り切れ／海砂利水魚の／水行末／雲来末／風来末／食う寝る処に住む処／やぶら小路の藪柑子／パイポパイポ／パイポのシューリンガン／シューリンガンのグーリンダイ／グーリンダイのポンポコピーのポンポコナーの／長久命の長助」。

附錄：中文、日文、英文、學名對照表（依筆畫排序）

中文	日文	英文	學名
叉尾雨燕	アマツバメ		*Apus pacificus*
大白鷺	ダイサギ	Great Egret	*Ardea alba*
大虎頭蜂	オオスズメバチ		*Vespa mandarinia*
大濱鷸	オバシギ	Great Knot	*Calidris tenuirostris*
小天鵝指名亞種	アメリカコハクチョウ	Tundra Swan	*Cygnus columbianus columbianus*
小白鷺	コサギ	Little Egret	*Egretta garzetta*
小杜鵑	ホトトギス	Small Cuckoo	*Cuculus poliocephalus*
小盜龍屬	ミクロラプトル		*Microraptor*
小燕鷗	コアジサシ	Little Tern	*Sternula albifrons*
小蠹蟲	キクイムシ	Bark Beetle	*Scolytidae*
小鸊鷉	カイツブリ	Little Grebe	*Tachybaptus ruficollis*

山鷸	ヤマシギ		*Scolopax rusticola*
不等趾足	三前趾足	anisodactyl	
丑鵪鶉	ヤクシャウズラ	Harlequin Quail	*Coturnix delegorguei*
丹氏鸕鷀	ウミウ	Japanese Cormorant	*Phalacrocorax capillatus*
丹頂鶴	タンチョウ	Red-crowned Crane	*Grus japonensis*
五脊虎鮋	メバル		*Sebastes Inermis*
五條鰤	イナダ		*Seriola quinqueradiata*
太平洋潛鳥	シロエリオオハム	Pacific Diver	*Gavia pacifica*
日本山雀	シジュウガラ		*Parus minor*
日本突負椿，負子蟲	コオイムシ	Ferocious Water Bug	*Appasus japonicus*
日本黑蜆	ヤマトシジミ	Japanese Basket Clams	*Corbicula japonica*
日本綠雉／環頸雉	キジ	Japanese Pheasant	*Phasianus versicolor*
日本蝮蛇	ニホンマムシ	Mamushi Pit-viper	*Gloydius blomhoffi*
日本樹鶯	ウグイス	Japanese Bush-Warbler	*Horornis diphone*
日本鵪鶉	ウズラ	Japanese Quail	*Coturnix japonica*
日本鯷	カタクチイワシ		*Engraulis japonica*
毛茛科	キンポウゲ科		Ranunculaceae
水鷚	タヒバリ	Water Pipit	*Anthus spinoletta*
北方巨恐鳥	ジャイアントモア	Giant Moa	*Dinornis maximus*

北雀鷹	ハイタカ	Nothern Sparrowhawk	*Accipiter nisus*
古顎總目	こうがいるい		Paleognathae
叫鴨科	サケビドリ		Anhimidae
四季豆	インゲン豆		*Phaseolus vulgaris*
白冠雞	オオバン	Common Coot	*Fulica atra*
白蛋白	アルブミン	Albumin	
白喉針尾雨燕	ハリオアマツバメ	White-throated Swift	*Hirundapus caudacutus*
白斑翅嬌鶲	キガタヒメマイコドリ	Club-winged Manakin	*Machaeropterus deliciosus*
白腹鰹鳥	カツオドリ	Brown Booby	*Sula leucogaster*
穴鳥	アナドリ	Bulwer's Petrel	*Bulweria bulwerii*
企鵝目	ペンギン目		Sphenisciformes
朱鷺	トキ	Crested Ibis	*Nipponia Nippon*
灰原雞	ハイイロヤケイ		*Gallus sonneratii*
灰椋鳥	ムクドリ		*Sturnus cineraceus*
羽小枝	小羽枝		
羽片	羽弁	Vane	
羽枝	羽枝		
老鷹（黑鳶）	トビ	Black Kite	*Milvus migrans*
肌紅素	ミオグロビン	Myoglobin	

血青素	ヘモシアニン	hemocyanin	
血紅素	ヘモグロビン	Hemoglobin	
伶盜龍／迅猛龍	ヴェロキラプトル		*Velociraptor*
似鳥龍	オルニトミムス		*Ornithomimus edmontonensis*
佛法僧	ブッポウソウ	Oriental Dollarbird	*Eurystomus orientalis*
吸蜜蜂鳥	マメハチドリ	Bee Hummingbird	*Mellisuga helenae*
忍者鳥	クセニシビス	Jamaican ibis	*Xenicibis*
沖繩秧雞	ヤンバルクイナ	Okinawa Rail	*Gallirallus okinawae*
沙丁魚	イワシ		*Sardinops melanostictus*
角蛋白	ケラチン	Keratin	
赤翡翠	アカショウビン	Ruddy Kingfisher	*Halcyon coromanda*
亞伯達薄板龍	アルバートネクテス		*Albertonectes*
亞洲噪鵑	オニカッコウ		*Eudynamys scolopaceus*
夜鷺	ゴイサギ	Black-crowned Night Heron	*Nycticorax nycticorax*
易變林鵙鶲	カワリモリモズ	Northern Variable Pitohui	*Pitohui kirhocephalus*
松葉蟹	ズワイガニ		*Chionoecetes opilio*
林戴勝	モリヤツガシラ		Phoeniculidae
河口鱷	イリエワニ	Salt-water Crocodile	*Crocodylus porosus*

花嘴鴨	カルガモ	Spotbill Duck	*Anas poecilorhyncha*
虎皮鸚鵡	セキセイインコ	Budgerigar	*Melopsittacus undulatus*
金背鳩	キジバト	Eastern Turtle Dove/ Oriental Turtle Dove	*Streptopelia orientalis*
金翅雀	カワラヒワ	Greenfinch	*Carduelis sinica*
長尾水薙鳥	オナガミズナギドリ	Wedge-tailed Shearwater	*Puffinus pacificus*
雨燕目	アマツバメ目		Apodiformes
冠鸊鷉	カンムリカイツブリ	Great Crested Grebe	*Podiceps cristatus*
前趾足	皆前趾足	pamprodactyl	
帝龍	ディロング	Dilong	*Dilong paradoxus*
柳雷鳥	カラフトライチョウ	Willow Ptarmigan	*Lagopus lagopus*
洪氏環企鵝	フンボルトペンギン	Humboldt Penguin	*Spheniscus humboldti*
皇帝企鵝	コウテイペンギン	Emperor Penguin	*Aptenodytes forsteri*
紅冠水雞	バン	Common Moorhen	*Gallinula chloropus*
紅原雞	セキショクヤケイ		*Gallus gallus*
紅喉蜂鳥	ノドアカハチドリ	Ruby-throated Hummingbird	*Archilochus colubris*
紅頭伯勞	モズ	Bull-headed Shrike	*Lanius bucephalus*
紅鸛科	フラミンゴ科		Phoenicopteridae

美洲白䴉	シロトキ		*Eudocimus albus*
美洲鴕	レア	Rhea	*Rhea americana*
胡蜂科	スズメバチ		Vespidae
負子蟾	ピパピパ		*Pipa pipa*
軍艦鳥科	グンカンドリ		Fregatidae
飛羽	風切羽	shear feather	
原紫質	プロトポルフィリン	protoporphyrin	
唇形科	シソ科		Lamiaceae
家燕	ツバメ	Barn Swallow	*Hirundo rustica*
桑鳲	イカル	Japanese Grosbeak	*Eophona personata*
真鰺	アジ		*Trachurus japonicus*
秧雞科	クイナ科	Rail	Rallidae
草鵐	ホオジロ	Meadow Bunting	*Emberiza cioides*
針鼴科	ハリモグラ科	Echidnas, Spiny Anteaters	Tachyglossidae
高山雨燕	シロハラアマツバメ	White-rumped swift	*Apus melba*
高蹺鴴	セイタカシギ	Black-winged Stilt	*Himantopus himantopus*
啄木鳥科	キツツキ		Picidae
脛跗骨	けいそっこんこつ	Tibiotarsus	
野鴿	ドバト	Rock Dove	*Columba livia*

雀科	アトリ科		Fringillidae
魚鷹	ミサゴ	Osprey	*Pandion haliaetus*
麻雀	スズメ	Sparrow	*Passer montanus*
麻鷺	ミゾゴイ	Japanese Night Heron	*Gorsachius goisagi*
棕耳鵯	ヒヨドリ	Brown-eared Bulbul	*Hypsipetes amaurotis*
番鵑	バンケン	Lesser Coucal	*Centropus bengalensis*
短尾水薙鳥／短尾鸌	ハシボソミズナギドリ	Short-tailed Shearwater	*Ardenna tenuirostris*
紫質	ポルフィリン	Porphyrin	
紫鷺	ムラサキサギ	Purple Heron	*Ardea purpurea*
距翅雁	ツメバガン	Spur-winged Goose	*Plectropterus gambensis*
雁鴨科	カモ科	Ducks, geese, swans, etc.	Anatidae
雲雀蛤	ホトトギスガイ		*Musculista senhousia*
黃昏鳥	ヘスペロルニス		*Hesperornis*
黃腰白喉林鶯	キヅタアメリカムシクイ	Yellow-rumped Warbler	*Setophaga coronata*
黃嘴天鵝	オオハクチョウ	Whooper Swan	*Cygnus cygnus*
黑背信天翁	コアホウドリ	Laysan Albatross	*Diomedea immutabilis*
黑喉紅臀鵯	シリアカヒヨドリ	Red-vented Bulbul	*Pycnonotus cafer*
黑喉潛鳥	オオハム	Black-throated Diver	*Gavia arctica*
黑腳信天翁	クロアシアホウドリ	Black-footed Albatross	*Diomedea nigripes*

黑頭林鵙鶲	ズグロモリモス	Hooded Pitohui	*Pitohui dichrous*
黑頸鸊鷉	ハジロカイツブリ	Black-necked Grebe	*Podiceps nigricollis*
奧氏鸌	セグロミズナギドリ	Audubon's Shearwater	*Puffinus lherminieri*
新喀里多尼亞烏鴉	カレドニアガラス		*Corvus moneduloides*
楓樹	モミジ		*Acer*
溝齒鼩	ソレノドン		*Solenodon spp.*
蜂鳥目	ハチドリ目		Trochiliformes
跳鴴	ケリ	Grey-headed Lapwing	*Vanellus cinereus*
跳躍膝擊	ジャンピング・ニー・パッド	Jumping Knee attack	
遊隼	ハヤブサ	Peregrine Falcon	*Falco peregrinus*
熊蜂	マルハナバチ	Bumblebee	*Bombus*
綠蓑鷺	ササゴイ	Green-backed Heron	*Butorides striatus*
綠頭鴨	マガモ	Mallard	*Anas platyrhynchos*
綠繡眼	メジロ	Japanese White-eye	*Zosterops japonicas*
蒼鷺	アオサギ	Grey Heron	*Ardea cinerea*
裸鼴鼠	ハダカネズミ		*Heterocephalus glaber*
銅長尾雉	ヤマドリ	Copper Pheasant	*Syrmaticus soemmerringi*
鳳頭潛鴨（澤鳧）	キンクロハジロ	Tufted Duck	*Aythya fuligula*
劍鴴	イカルチドリ	Long-billed Ringed Plover	*Charadrius placidus*

嬌鶲科	マイコドリ		Pipridae
歐亞雲雀	ヒバリ	Eurasian Skylark	*Alauda arvensis*
箭毒蛙毒素	ホモバトラコトキシン	Homobatrachotoxin	
褐翅鴉鵑	オオバンケン	Greater Coucal	*Centropus sinensis*
趾行動物	しこうせい	unguligrade	
霍氏二趾樹懶	ホフマンナマケモノ		*Choloepus hoffmanni*
鴕鳥目	ダチョウ目		Struthioniformes
鴨嘴獸	カモノハシ	Platypus	*Ornithorhynchus anatinus*
鴩形目	シギダチョウ目		Tinamiformes
嚏根草屬	ヘレボルス		*Helleborus*
戴勝	ヤツガシラ		*Upupa epops*
擬花螢科	ジョウカイモドキ科		Melyridae
膽紅素	ビリルビン	Bilirubin	
膽綠素	ビリベルジン	Biliverdin	
蟆口鴟科	ガマグチヨタカ		Podargidae
鴯鶓	エミュー	Emu	*Dromaius novaehollandiae*
鴿形目	ハト目		Columbiformes
藍冠鶥鶇	ズアオチメドリ	Blue-capped Ifrit	*Ifrita kowaldi*
蹠行動物	しょこうせい	plantigrade	

雞爪槭／日本楓	イロハモミジ		*Acer palmatum*
雞形目	キジ目		Galliformes
繫帶	カラザ	protein cord	
類胡蘿蔔素	カロチンノイド	carotenoid	
鯖科	サバ科		Scombridae
鵪鶉	ヨーロッパウズラ	Common Quail	*Coturnix coturnix*
鶉肉中毒症	コツルニズム	Coturnism	
鶯類	ムシクイ類	Old World Warblers	*Sylviidae*
麝雉	ツメバケイ	Hoatzin	*Opisthocomus hoazin*
鷸科	シギ	Curlews, Greenshanks	Scolopacidae
鷸鴕目	キーウィ目		Apterygiformes
䴉科	トキ科		Threskiornithidae
鷺科	サギ科		Ardeidae
鸕鷀／普通鸕鷀	カワウ	Great Cormorant	*Phalacrocorax carbo*
鸚鵡科	インコ科		Psittacidae

雞肉以上，鳥學未滿

最好的鳥類研究室
就在你家的餐桌上

TORINIKUIJO, TORIGAKUMIMAN.
—Human Chicken Interface—
by Kazuto Kawakami

Originally published in 2019
by Iwanami Shoten, Publishers, Tokyo.
This complex Chinese edition published 2021 by
Rye Field Publications, a division of
Cite Publishing Ltd., Taipei City, by arrangement with
Iwanami Shoten, Publishers, Tokyo
through AMANN CO., LTD.

雞肉以上，鳥學未滿：最好的鳥類研究室
就在你家的餐桌上／川上和人著；張東君譯.
－初版.－臺北市：麥田出版：
家庭傳媒城邦分公司發行，民110.03
面； 公分.－(不歸類；186)
譯自：鳥肉以上，鳥学未満。
ISBN 978-986-344-866-2(平裝)
1.鳥類 2.動物生態學 3.雞 4.肉類食譜
388.8　　109020726

封面設計　廖　韡
內文排版　黃暐鵬
初版一刷　2021年3月30日

定　　價　新台幣350元
I S B N　978-986-344-866-2
Printed in Taiwan

作　　者　川上和人
譯　　者　張東君
責任編輯　賴逸娟
國際版權　吳玲緯
行　　銷　何維民　蘇莞婷　吳宇軒　陳欣岑
業　　務　李再星　陳紫晴　陳美燕　葉晉源
副總編輯　何維民
編輯總監　劉麗真
總 經 理　陳逸瑛
發 行 人　涂玉雲

出　　版

麥田出版
台北市中山區104民生東路二段141號5樓
電話：(02) 2-2500-7696　傳真：(02) 2500-1966
麥田網址：https://www.facebook.com/RyeField.Cite/

發　　行

英屬蓋曼群島商家庭傳媒股份有限公司城邦分公司
地址：10483台北市民生東路二段141號11樓
網址：http://www.cite.com.tw
客服專線：(02)2500-7718; 2500-7719
24小時傳真專線：(02)2500-1990; 2500-1991
服務時間：週一至週五09:30-12:00; 13:30-17:00
劃撥帳號：19863813　戶名：書虫股份有限公司
讀者服務信箱：service@readingclub.com.tw

香港發行所

城邦（香港）出版集團有限公司
地址：香港灣仔駱克道193號東超商業中心1樓
電話：+852-2508-6231　傳真：+852-2578-9337
電郵：hkcite@biznetvigator.com

馬新發行所

城邦（馬新）出版集團【Cite(M) Sdn. Bhd. (458372U)】
地址：41, Jalan Radin Anum, Bandar Baru Sri Petaling, 57000 Kuala Lumpur, Malaysia.
電話：+603-9057-8822　傳真：+603-9057-6622
電郵：cite@cite.com.my

cite城邦媒體 麥田出版
Rye Field Publications
A division of Cité Publishing Ltd.

廣	告	回	函
北區郵政管理局登記證			
台北廣字第000791號			
免	貼	郵	票

英屬蓋曼群島商
家庭傳媒股份有限公司城邦分公司
104 台北市民生東路二段141號5樓

▼

請沿虛線折下裝訂，謝謝！

讀者回函卡

cite城邦媒體

※為提供訂購、行銷、客戶管理或其他合於營業登記項目或章程所定業務需要之目的，家庭傳媒集團（即英屬蓋曼群島商家庭傳媒股份有限公司城邦分公司、城邦文化事業股份有限公司、書虫股份有限公司、墨刻出版股份有限公司、城邦原創股份有限公司），於本集團之營運期間及地區內，將以e-mail、傳真、電話、簡訊、郵寄或其他公告方式利用您提供之資料（資料類別：C001、C002、C003、C011等）。利用對象除本集團外，亦可能包括相關服務的協力機構。如您有依個資法第三條或其他需服務之處，得致電本公司客服中心電話請求協助。相關資料如為非必填項目，不提供亦不影響您的權益。

□ 請勾選：本人已詳閱上述注意事項，並同意麥田出版使用所填資料於限定用途。

姓名：＿＿＿＿＿＿＿＿＿＿ 聯絡電話：＿＿＿＿＿＿＿＿＿＿

聯絡地址：□□□□□＿＿＿＿＿＿＿＿＿＿

電子信箱：＿＿＿＿＿＿＿＿＿＿

身分證字號：＿＿＿＿＿＿＿＿＿＿（此即您的讀者編號）

生日：＿＿年＿＿月＿＿日 性別：□男 □女 □其他＿＿＿＿

職業：□軍警 □公教 □學生 □傳播業 □製造業 □金融業 □資訊業 □銷售業

□其他＿＿＿＿＿＿＿＿＿＿

教育程度：□碩士及以上 □大學 □專科 □高中 □國中及以下

購買方式：□書店 □郵購 □其他＿＿＿＿＿＿＿＿＿＿

喜歡閱讀的種類：（可複選）

□文學 □商業 □軍事 □歷史 □旅遊 □藝術 □科學 □推理 □傳記 □生活、勵志

□教育、心理 □其他＿＿＿＿＿＿＿＿＿＿

您從何處得知本書的消息？（可複選）

□書店 □報章雜誌 □網路 □廣播 □電視 □書訊 □親友 □其他＿＿＿＿

本書優點：（可複選）

□內容符合期待 □文筆流暢 □具實用性 □版面、圖片、字體安排適當

□其他＿＿＿＿＿＿＿＿＿＿

本書缺點：（可複選）

□內容不符合期待 □文筆欠佳 □內容保守 □版面、圖片、字體安排不易閱讀 □價格偏高

□其他＿＿＿＿＿＿＿＿＿＿

您對我們的建議：＿＿＿＿＿＿＿＿＿＿

＿＿＿＿＿＿＿＿＿＿